高等院校计算机应用系列教材

C语言程序设计实践教程

杨宏霞　赵　彩　主　编
江若玫　丁　凰　副主编

清华大学出版社
北　京

内 容 简 介

本书作为赵彩、杨宏霞主编的《C语言程序设计(微课版)》一书的配套实践指导教材，目标是解决初学者在将理论应用于实践时面临的各种困难，并通过实践加强读者对理论知识的理解，帮助读者了解使用计算机解决问题的各种基本方法。本书内容主要分为"基础实验与算法积累""算法实践与模拟训练""课程专题设计训练"以及"参考答案及解析"四部分。

"基础实验与算法积累"部分有10个实验，我们为每个实验设计了基础练习、程序填空、程序改错和程序设计四种题型。"算法实践与模拟训练"部分参考全国计算机等级考试二级C语言考试真题和全国"蓝桥杯"软件大赛真题编写而成，读者可在系统地完成基础练习之后进行算法实践并完成更复杂的练习。上述所有题目的参考答案及解析可查阅第Ⅳ部分。"课程专题设计训练"部分包含4个难度不同的题目，我们分别给出了每个题目的程序功能简介、训练目标、程序功能分析和参考代码。

本书所有程序都已经在 Visual C++ 6.0 和 Dev C 5.10 环境下调试并编译通过。本书内容丰富、结构合理、讲解清晰、语言简练流畅、示例翔实，适合作为高等学校本科计算机专业学生的实践指导教材，也适合程序设计初学者或有一定编程实践基础，并且希望突破编程实践难点的读者自学使用。

本书的电子课件、实验报告模板和实例源文件可从 http://www.TUPWK.com.cn/downpage 网站下载，也可通过扫描前言中的二维码获取。

本书封面贴有清华大学出版社防伪标签，无标签者不得销售。

版权所有，侵权必究。举报：010-62782989, beiqinquan@tup.tsinghua.edu.cn。

图书在版编目(CIP)数据

C语言程序设计实践教程 / 杨宏霞，赵彩主编. —北京：清华大学出版社，2021.6
高等院校计算机应用系列教材
ISBN 978-7-302-58330-1

Ⅰ. ①C… Ⅱ. ①杨… ②赵… Ⅲ. ①C语言—程序设计—高等学校—教材 Ⅳ. ①TP312.8

中国版本图书馆 CIP 数据核字(2021)第 102335 号

责任编辑：	胡辰浩
封面设计：	高娟妮
版式设计：	妙思品位
责任校对：	成凤进
责任印制：	丛怀宇

出版发行：清华大学出版社
    网　　址：http://www.tup.com.cn, http://www.wqbook.com
    地　　址：北京清华大学学研大厦 A 座　　邮　编：100084
    社 总 机：010-62770175　　邮　购：010-62786544
    投稿与读者服务：010-62776969, c-service@tup.tsinghua.edu.cn
    质 量 反 馈：010-62772015, zhiliang@tup.tsinghua.edu.cn

印 装 者：三河市科茂嘉荣印务有限公司
经　　销：全国新华书店
开　　本：185mm×260mm　　印　张：11.5　　字　数：294 千字
版　　次：2021 年 7 月第 1 版　　印　次：2021 年 7 月第 1 次印刷
定　　价：62.00 元

———————————————————————————————————————

产品编号：092651-01

前言

　　C语言作为一门工程实用性极强的语言，不仅提供了对操作系统和内存的精准控制，而且拥有源码级的跨平台编译优点。掌握和灵活运用C语言，是读者后续学习操作系统、计算机网络、编译原理、数据结构与算法等课程的重要前提。现阶段，程序员职业生涯中超过一半的热门方向直接或间接与C语言有关。

　　在学习任何一种程序设计语言时，除了通过多看书来理解基本概念之外，还需要不断练习编写与调试代码。多多练习代码编写、程序调试和程序改错是学习程序设计语言的唯一捷径，除此之外没有其他捷径可走。

　　本书是赵彩、杨宏霞主编的《C语言程序设计(微课版)》一书的配套实践指导教材，主要面向C语言初学者，适合作为高等学校本科计算机专业学生的实践指导教材，也适合程序设计初学者或有一定编程实践基础，并且希望突破编程难点的读者自学使用。

　　全书共分为四部分。"基础实验与算法积累"部分有10个实验，我们为其中的每个实验设计了基础练习、程序填空、程序改错和程序设计四种题型，并且是按照配套的《C语言程序设计(微课版)》一书的知识结构进行编写的。"算法实践与模拟训练"部分参考全国计算机等级考试二级C语言考试真题和全国"蓝桥杯"软件大赛真题编写完成，读者可在系统地完成基础练习之后进行算法实践并完成复杂练习。上述所有题目的参考答案及解析可查阅第IV部分"参考答案与解析"。"课程专题设计训练"部分包含4个难度不同的题目，我们分别给出了每个题目的程序功能简介、训练目标、程序功能分析和参考代码。

　　本书第I部分的实验1~实验5以及第II部分和第III部分由杨宏霞编写；第I部分的实验6由赵彩编写；第I部分的实验7和实验8由丁凰编写；第I部分的实验9和实验10由江若玫编写。全书的统稿工作由杨宏霞完成，审稿工作由缪相林完成。

　　本书内容丰富，既包含配套实验，又包含多套算法实践与模拟训练题。本书所有程序都已经在Visual C++ 6.0和Dev C 5.10环境下调试并编译通过。通过本书的学习，读者可以全面掌握C语言程序设计方面的基础知识，并具备一定的结构化程序设计能力。由于作者水平有限，本书难免有不足之处，欢迎广大读者批评指正。我们的电子邮箱是992116@qq.com，电话是010-62796045。

本书对应的课件、实验报告模板和实例源文件可以到 http://www.tupwk.com.cn/downpage 网站下载，也可通过扫描下方的二维码获取。

编者

西安交通大学城市学院

2021 年 2 月

目 录

第 I 部分　基础实验与算法积累……………1

实验 1　开始编写 C 语言程序 ………… 1
实验 2　数据类型、运算符及表达式 …… 11
实验 3　常用输入输出函数 …………… 17
实验 4　选择结构 ……………………… 22
实验 5　循环结构 ……………………… 29
实验 6　数组 …………………………… 36
实验 7　函数 …………………………… 41
实验 8　指针 …………………………… 47
实验 9　结构体、共用体和枚举 ……… 54
实验 10　文件 ………………………… 64

第 II 部分　算法实践与模拟训练 ………… 75

模拟训练 1 …………………………… 75
模拟训练 2 …………………………… 77
模拟训练 3 …………………………… 79
模拟训练 4 …………………………… 82
模拟训练 5 …………………………… 84
模拟训练 6 …………………………… 87

第 III 部分　课程专题设计训练 ………… 91

题目 1　简单计算器小程序 …………… 91
题目 2　口算练习小程序 ……………… 95
题目 3　文件加密小程序 ……………… 102
题目 4　通讯录管理小程序 …………… 108

第 IV 部分　参考答案及解析 ………… 121

"基础实验与算法积累"部分的
参考答案及解析 ………………… 121
"算法实践与模拟训练"部分的
参考答案及解析 ………………… 165

参考文献 ……………………………… 175

第Ⅰ部分
基础实验与算法积累

本书第Ⅰ部分的内容参照赵彩、杨宏霞主编的《C语言程序设计(微课版)》一书的知识结构编写而成,目标是解决初学者在将理论应用于实践时面临的各种困难,并通过实践加强读者对理论知识的理解,同时积累使用计算机解决问题的各种基本算法。这部分包含10个实验,我们为其中的每个实验设计了基础练习、程序填空、程序改错和程序设计四种题型,所有题目的参考答案和解析请查阅第Ⅳ部分。

开展以下实验的前提条件是计算机中已经安装 Visual C++ 6.0 编译环境或其他可以用来编写 C 语言程序的编译软件。本书所有程序都已经在 Visual C++ 6.0 和 Dev C 5.10 环境下调试并编译通过。

实验1 开始编写C语言程序

一、实验目的

- 掌握在 Visual C++ 6.0 编译环境中编写 C 语言程序的步骤。
- 学会查看编译器给出的错误提示,并了解常见错误。
- 了解调试程序的步骤,并逐步熟练掌握。

二、实验内容

1. 基础练习:编写第一个 C 语言程序并熟悉 Visual C++ 6.0 编译环境

步骤一:启动 Visual C++ 6.0。

方法一:如果桌面上显示有 图标,双击这个图标。

方法二:打开"开始"菜单,选择"程序"→Microsoft Visual Studio 6.0 →Microsoft Visual C++ 6.0,进入 Visual C++ 6.0 编译环境,如图 1-1 所示。

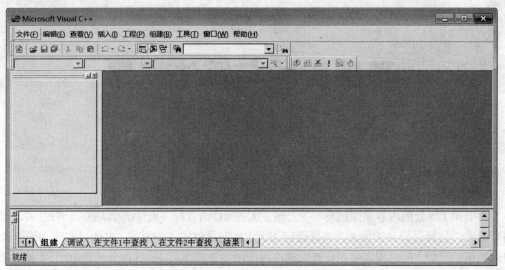

图 1-1　Visual C++ 6.0 编译环境

步骤二：新建源文件。

选择"文件"菜单中的"新建"命令，弹出"新建"对话框，如图 1-2 所示。

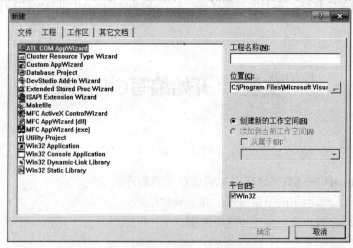

图 1-2　"新建"对话框

步骤三：设置源文件的名称和保存路径。

在"新建"对话框中打开"文件"选项卡，选择 C++ Source File 选项，在右侧的"文件名"文本框中输入源文件的名称，例如 1-1.c。"位置"文本框中显示了源文件的默认保存位置，单击右边的 按钮可以修改保存位置，如图 1-3 所示。设置完毕后，单击"确定"按钮，源文件就创建好了。

[注意]　在图 1-3 中，请务必在 1-1 的后面输入.c 以确保源文件的扩展名为.c，否则编译器会默认将.cpp 设置为扩展名。.cpp 是 C++源文件的扩展名，C 和 C++是两种不同的语言。虽然 C++兼容 C 语言的绝大部分语法特性，但还是会经常出现一些编译错误。

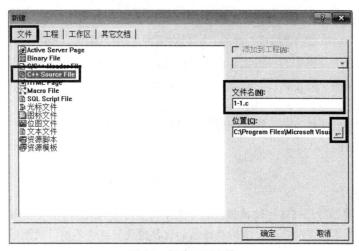

图 1-3 创建 C 源文件

步骤四：编写源程序。

如图 1-4 所示，在编辑区域输入同样的程序代码。观察图 1-4 中的"标题栏"部分，注意方括号中显示了当前正在编辑的源文件的名称和扩展名，最后的*表示当前源文件有改动但未保存，在单击"保存"按钮之后，*就会消失。

[注意] 如果在创建源文件时忘记写扩展名，那么通过观察标题栏可以看到，此时扩展名为.cpp。选择"文件"菜单中的"另存为"命令，可将当前源文件另存为扩展名为.c 的源文件。

图 1-4 编写源程序

步骤五：运行程序。

方法一：使用快捷工具栏。

单击快捷工具栏 中的 按钮，即可对源程序进行编译。如果不存在编译错误，可单击 按钮进行链接。如果不存在编译和链接错误的话， 按钮会从灰色变成高亮显示。单击 按钮，程序便运行起来。

方法二：使用菜单中的"组建"菜单。

选择"组建"菜单中的"编译"命令，即可对源程序进行编译。如果不存在编译错误的话，请继续选择"组建"菜单中的"组建"命令进行链接。如果不存在编译和链接错误的话，请继续选择"组建"菜单中的"执行"命令，即可运行程序。

方法三：使用快捷键。

具体的步骤与前两种方法一致，快捷键与功能的对应关系如下。

- 编译：Ctrl+F7
- 链接：F7
- 执行：Ctrl+F5

[注意] 不需要强行记住这些快捷键，打开菜单栏中对应的菜单命令，如果有的话，快捷键会标记在对应的菜单命令的后面。不同编译器的快捷键设置也将不同，使用时请注意观察。

步骤六：关闭程序。

调试完一个程序后，在编写新的程序之前，一定要使用"文件"菜单中的"退出"命令关闭原来的程序，否则后面编译或运行的将总是原来的程序。

[注意] 使用 Visual C++ 6.0 时不允许跳过关闭程序这个步骤。其他编译器(如 Dev C 5.10 或 C-Free 5.0)则允许，因为每个源文件都被放在了单独的选项卡中。

2. 程序改错

遭遇错误并因此调试程序是编程中必然经历的事情。对于使用 C 语言编写的程序代码，必须使用编译器将源代码转换成机器代码。因此，为了写出正确的程序，就必须严格遵守 C 语言的语法规则。漏掉一个该有的逗号，或添加不该有的分号和空格，都将导致编译器无法将程序的源代码转换成机器代码。即使运行了多年，程序中也很容易出现语法错误，这些语法错误都能在编译或链接程序的过程中被编译器找出。另外，有些程序虽存在逻辑错误，却可以正常地完成编译和链接过程，只不过会在运行时不定时地出错，对于这种情况，就需要花很多时间来跟踪错误了。

幸好，计算机一般不会出错，而且非常擅长找出我们所犯的错误。编译器会列出从源代码中找到的错误，并且通常还会指示出错的位置。此时，我们必须返回编辑阶段，找出存在错误的代码并更正。

有时，一个错误还会使后面本来正确的语句也出现错误。这多半是由于程序的其他部分引用了错误语句定义的内容造成的。下面来看一个包含语法错误的程序在编译时会发生什么情况。

步骤一：新建源文件。

新建源文件 1-2.c，输入下列包含语法错误的程序代码，然后编译程序。

```
#include<stdio.h>
void mian()
{
  printf("C program1")
  printf("C program2");
}
```

步骤二：发现错误。

观察屏幕底部的调试信息窗口，如图 1-5 所示。由于源程序有语法错误，因此经过编译后，调试信息窗口中将显示"1-2.obj - 1 error(s), 0 warning(s)"。

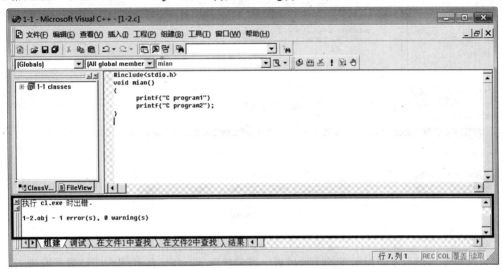

图 1-5　源程序有语法错误时的调试信息窗口

[注意] error(s)前面的数字代表错误个数，warning(s)前面的数字代表警告个数。编译系统能够检查出的语法错误分为两类：一类是致命错误，用 error 表示，程序如果有此类错误，就无法通过编译，从而无法形成目标程序，因此必须改正；另一类是轻微错误，用 warning 表示，此类错误不影响目标程序和可执行程序的生成，但可能影响运行结果。

步骤三：查看错误。

单击调试信息窗口中的空白区域，上下滚动窗口，即可看到更为详细的错误提示，如图 1-6 所示。

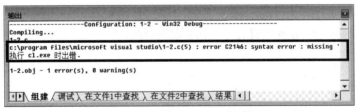

图 1-6　调试信息窗口中的错误提示

[注意] 在调试信息窗口的上侧边缘按住鼠标左键并上下拖动，即可改变调试信息窗口的高度。

步骤四：定位错误。

双击调试信息窗口中的错误提示，在本例中也就是双击"c:\program files\microsoft visual studio\1-2.c(5) : error C2146: syntax error : missing ';' before identifier 'printf'"，编译器给出的错误提示如图 1-7 所示。

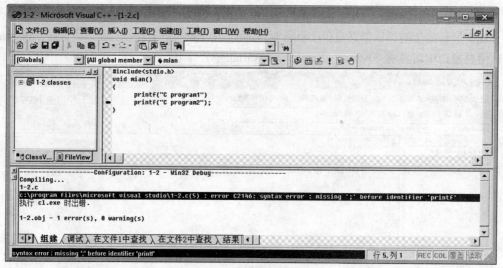

图1-7 编译器给出的错误指示

这时可以看到，错误提示已变成高亮显示状态，观察编译区域，代码行的右侧出现了一个箭头。这个箭头指示了错误所在的大致位置，通常情况下，指示的代码出错位置是准确的。但在特殊情况下，错误出现在指示位置的附近。编译器基本能够精确地指出错误及出错位置。

经分析，箭头指示行的上一行的末尾少了分号，请添加分号以更正错误。

初学者刚开始编写程序时，有很多错误是由简单的拼写错误造成的。例如，忘了写逗号、右括号，或者按错了键。

[注意] 如果有多个错误的话，请从第一个错误开始调试，因为后续错误有可能因为第一个错误而引起。调试错误时，请先阅读错误提示，尽管错误提示是英文信息，要努力去阅读和分析，可借助各种英文翻译软件来理解它们的含义。遇到各种错误、识别各种错误、更正各种错误才是学习编程的唯一捷径。

步骤五：继续更正其他错误。

更正一个错误以后，重新编译程序，你会发现错误数量在减少，请继续更正程序中的其他错误。

3. 调试程序

新建源文件 1-3.c 并输入如下程序。

```c
#include <stdio.h>
int max(int x,int y)        //传入两个整数，返回其中较大的那个整数
{
    int z;
    if(x>y)z=x;
    else z=y;
    return z;
}
```

```c
void main()
{
    int a,b,c;
    printf("输入两个整数，例如 4 和 5\n");
    scanf("%d %d",&a,&b);          //输入变量 a 和 b 的值
    c=max(a,b);                    //调用 max 函数，传入变量 a 和 b，然后将函数的返回值赋给 c
    printf("max=%d",c);            //将其中较大的那个整数显示到屏幕上
}
```

初学者往往一看到自己编写的程序出现错误就不知所措了。有些读者认为，程序只要能够顺利运行就大功告成，他们未曾想过程序中是否还存在某些隐患。要想不犯或少犯错误，就需要了解 C 语言程序设计中的错误类型和纠正方法。C 语言程序设计中的错误可分为语法错误、链接错误、逻辑错误和运行错误。

1) **语法错误**：在编写程序时违反了 C 语言语法的规定。语法不正确、关键字拼错、标点漏写、数据运算类型不匹配、括号不配对等都属于语法错误。对于语法错误，编译系统会在编译时指示出错位置并给出相应的错误提示。我们可以双击错误提示，将光标快速定位到代码中的出错位置。根据错误提示修改源程序，排除错误。

2) **链接错误**：如果使用了错误的函数调用，比如书写了错误的或不存在的函数名，编译系统在对它们进行链接时就会发现这种错误。纠正的方法与纠正语法错误相同。

3) **逻辑错误**：虽然程序不存在上述两种错误，但程序的运行结果与预期不符。逻辑错误往往是因为程序采用的算法有问题，或是因为编写的程序逻辑与算法不完全吻合。逻辑错误比语法错误更难排除，需要程序员对程序逐步进行调试，并检测循环、分支调用是否正确，另外还需要跟踪变量的值能否按预期产生变化。

4) **运行错误**：程序不存在以上三种错误，但运行结果时对时错。发生运行错误往往是因为程序的容错性不高，程序在设计时可能仅考虑了一部分数据的情况，因而对于其他数据就不适用了。例如，如果在打开文件时没有提前检测是否打开成功就开始对文件进行读写，那么在程序运行时，如果文件能够顺利打开，程序运行正确，反之，程序运行出错。为了避免发生这种类型的错误，需要对程序反复进行测试，完备算法，从而使程序能够适应各种情况的数据。

为了方便、快捷地排除程序中的逻辑错误，编译器提供了强大的调试功能。调试步骤如下。

步骤一：设置断点。

在设置断点之前，需要对程序进行编译。接下来，单击需要设置断点的代码行，然后单击工具栏 中的 按钮或按 F9 功能键，光标所在代码行的最左边将出现一个深红色的实心圆点，这表示断点设置成功。如图 1-8 所示。

如果光标所在的代码行已经设置了断点，那么再次单击工具栏 中的 按钮或按 F9 功能键，将会清除设置的断点。

图1-8 为程序设置断点

步骤二：调试程序。

首先编译程序，如果不存在编译错误的话，选择"组建"菜单中的"开始调试"→Go命令即可运行程序，直到程序结束或到达断点位置，进入调试状态。

注意，由于程序中包含一条scanf语句，因此需要输入数据(例如输入4_5↵，其中的_代表空格，↵代表回车)，程序才能运行到断点位置。

进入调试状态以后，每按一次F10功能键，编译器就会将程序向后执行一行。因此，我们可以使用F10功能键控制程序逐行执行，直到程序运行结束。

进入调试状态以后，"组建"菜单会自动变为"调试"菜单。如果在调试过程中已经确定出错位置并且需要结束调试，可选择"调试"菜单中的Stop Debugging命令停止调试并返回到正常的编辑状态。

[说明] 如果希望一句一句地单步跟踪程序的执行过程，那么在编写程序时必须一行只写一条语句。

步骤三：查看变量。

设置断点的目的是使程序在执行到断点位置时停下来，此时可以检查各个变量的值，从而便于快速排错。

在单步调试程序的过程中，我们可以在Visual C++ 6.0工作界面的"变量"和"监视"子窗口中动态地查看变量的值。另外，将光标移到需要查看的变量上，在光标的右下角位置也可以看到对应变量的值。对于本例来说，在程序运行过程中，a被赋值为4，b被赋值为5，如图1-9所示。

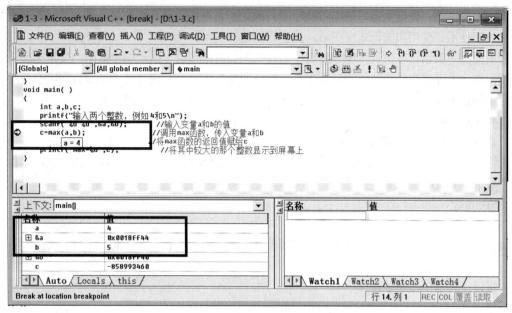

图 1-9 查看变量的值

4. 常见错误提示以及可能的出错原因

1) syntax error : missing ';' before (identifier) 'xxxx'

直译：(标识符)xxxx 前缺少分号。

错误分析：

这是最常见的编译错误。当出现这种错误提示时，往往指示的语句没有错误，而是上一条语句发生了错误，上一条语句的末尾缺少分号会导致编译器报这种错误。

2) unknown '\ooo' in program

直译：代码中含有无法识别的字符，这个字符的 ASCII 码值为(ooo)$_8$。

错误分析：

发生这种错误一般是因为在双引号之外使用了中文标点符号，如逗号、分号、括号、单引号和双引号等。可定位到对应的代码行，检查中文标点以及全角空格。

3) ' xxxx ' undeclared identifier

直译：标识符 xxxx 未定义。

错误分析：

如果 xxxx 是一个变量名，那么通常是由于程序员忘记了定义这个变量，也可能是由于拼写有错误或大小写格式不一致而引起的，所以我们应该首先检查变量名是否正确。

如果 xxxx 是一个函数名，那就检查是否忘记了定义函数名。既可能是由于拼写错误或大小写格式不一致，也可能是由于调用的函数根本不存在。当然，还有一种可能，就是定义的函数位于函数调用语句之后，而你没有在调用函数之前对函数进行声明。

如果 xxxx 是库函数的函数名，如 sqrt、fabs，那么应该检查源文件的头部是否包含这些库函数所在的头文件(.h 文件)。

标识符遵循"先定义，后使用"的原则。因此，无论是变量、函数名还是类名，都必须先定义，后使用。使用在前，定义在后，也会导致这种错误。

前面的一条语句有错也可能导致编译器误认为当前语句也有错。如果前面的变量定义语句有错，那么编译器在后面的编译过程中会认为这个变量从来没有定义过，导致后面所有使用这个变量的语句都报错。如果函数的定义或声明语句有错，将引发同样的问题。

4) redeclaration of 'xxxx' with no linkage 或 previous definition of 'xxxx' was here

直译：xxxx 被重复定义。

错误分析：变量 xxxx 在同一作用域内定义了多次。检查变量 xxxx 的每一次定义，只保留一个定义或者更改变量名。

5) empty character constant

直译：空的字符定义。

错误分析：连用了两个单引号，而中间没有任何字符，这是不允许的。

6) newline in constant

直译：常量中出现了换行。

错误分析：

- 检查字符串常量和字符常量中是否有换行符。
- 检查某个字符串常量的尾部是否漏掉了双引号。
- 检查某个字符常量的尾部是否漏掉了单引号。
- 检查是否在某条语句的尾部或中间错误输入了单引号、双引号或花括号。

7) too many characters in constant

直译：常量中的字符太多了。

错误分析：单引号表示字符型常量。通常，单引号中必须有且只能有一个字符(使用转义字符时，转义字符所代表的字符可当作一个字符看待)。如果单引号中的字符数量多于 4 个，就会引发这种错误。

另外，如果语句中的某个字符常量缺少右边的单引号，也会引发这种错误，例如：

if (x == 'x || x == 'y) { ... }

值得注意，如果单引号中的字符数量是 2～4 个，那么编译时不会报错。

8) unknown character '0x##'

直译：未知字符'0x##'。

错误分析：0x##是字符的 ASCII 码的十六进制表示形式。这里所说的未知字符，通常是指全角符号、字母和数字，也可能是指直接输入的汉字。全角字符和汉字如果使用双引号包含起来，它们就将成为字符串常量的一部分，因而不会引发这种错误。

5. 编写程序时常用的快捷键

在编写程序时，经常会遇到需要复制、粘贴、删除代码的情况。使用快捷键可以提高代码的编写效率，表 1-1 列出了常用的快捷键。

表 1-1 编写程序时常用的快捷键

使用场合	快捷键	功能描述
Windows 系统通用快捷键 (需要尽快记住)	Ctrl+Z	撤销一次操作，可撤销多次
	Ctrl+A	全选
	Ctrl+C	复制
	Ctrl+X	剪切
	Ctrl+V	粘贴
	Insert	覆盖模式/插入模式
	Ctrl+Alt+Delete	启动任务管理器，关闭一些无法关闭的进程
	Ctrl+Space	中文输入法的开/关键
	Ctrl+Shift	输入法切换键
	Shift	在中文输入状态下，切换中/英文输入状态(特别方便)
Visual C++ 6.0 定义的快捷键 (不用记忆)	Ctrl+F5	运行当前程序
	F5	调试当前程序
	F9	设置/清除断点
	F10	单步执行一条语句
	Shift+F5	停止调试

[注意] 每一种编译器都会定义一些特有的快捷键，不需要记忆这些快捷键。打开菜单栏中对应的菜单命令，如果定义了快捷键的话，它们通常会标记在对应的菜单命令的后面。当使用不同的编译器时，请注意观察。

实验 2 数据类型、运算符及表达式

一、实验目的

- 练习不同进制下数字之间的转换。
- 掌握常量与变量的定义和赋值。
- 掌握对包含多种运算符的表达式进行混合运算的规律。
- 掌握数据类型之间的转换规律。

二、实验内容

1. 基础练习

【2-1-1】请将十进制数 59 分别转换为二进制、八进制和十六进制表示形式，写出预期结果，并上机检验计算结果。检验程序如下：

```
#include <stdio.h>
#include<stdlib.h>//itoa 函数在 stdlib.h 文件中定义
void main()
{
   int a=59;
   char str[30];

   itoa(a,str,2);//itoa 函数可以将 a 转换为二进制
   printf("59 转换成二进制数是：%s\n",str);
   printf("59 转换成八进制数是：%o\n",a);
   printf("59 转换成十六进制数是：%X\n",a);
}
```

59 转换成二进制数是 _____

59 转换成八进制数是 _____

59 转换成十六进制数是 _____

【2-1-2】练习整型常量的表示方法。阅读以下程序，写出预期结果，分析原因并上机检验。

```
#include <stdio.h>
void main()
{
   printf("我有%d 个 QQ 好友\n",12);
   printf("我有%d 个 QQ 好友\n",012);
   printf("我有%d 个 QQ 好友\n",0x12);
}
```

程序运行结果：_____

原因分析：_____

【2-1-3】练习变量的取值范围。阅读以下程序，写出预期结果，分析原因并上机检验。

```
#include <stdio.h>
void main()
{
   short a;
   char c;
   a=32767;   c=127;
   printf("a=%d,c=%d\n",a,c);
   a++;       c++;
   printf("a=%d,c=%d\n",a,c);
}
```

程序运行结果：_____

原因分析：_____

【2-1-4】分析下列程序，写出当输入为大写字母 CK↵时的运行结果并上机检验。

[说明] ↵代表回车。

```
#include <stdio.h>
void main()
{
   char c1, c2;
   scanf ("%c%c", &c1, &c2);
   c1=c1+3;
   c2=c2-3;
   printf("c1=%C,c2=%c",c1,c2);
}
```

程序运行结果：_____

【2-1-5】请计算下列表达式的值，填入后面的括号中，并上机验证。

假设 a=3、b=5、c=-1、d=7。
a/2 + (int)(5/2.0 + 100/'\062' +'a'*2) / 2.0   (   )
a-b>=c&&b-a>=d   (   )
a||b+c&&b-c   (   )
!(a<b)&&!c||1   (   )
(a=b+c,b>c-1)&&(b+=c)||(b*2==a+c)   (   )

验证程序如下：

```
#include <stdio.h>
void main()
{
   int a=3,b=5,c=-1,d=7 ;
   printf("%f\n",a/2 + (int)(5/2.0 + 100/'\062' +'a'*2) / 2.0 );
   printf("%d\n",a-b>=c&&b-a>=d  );
   printf("%d\n",!(a<b)&&!c||1  );
   printf("%d\n",(a=b+c,b>c-1)&&(b+=c)||(b*2==a+c) );
   printf("%d\n",a||b+c&&b-c );
   printf("%d\n",c+1&&b+c/2 );
}
```

【2-1-6】阅读下列程序，掌握自增及自减运算符的用法，分析程序运行结果，将结果写在括号中，并上机检验。

```
#include<stdio.h>
void main()
{
   //前缀++
   int n1 = 012;
   int n2 = ++n1 + 2;
   printf("n1=%d,n2=%d\n",n1,n2);        //(        )
```

```
    //后缀--
    int n3 = 012;
    int n4 = n3-- + 3;
    printf("n3=%d,n4=%d\n",n3,n4);      //(        )
    //前缀和后缀的练习
    int n5 = 10;
    int n6 = n5++ + 3;
    printf("n5=%d,n6=%d\n",n5,n6);      //(        )
    int n7 = 10;
    int n8 = --n7 - 10;
    printf("n7=%d,n8=%d\n",n7,n8);      //(        )
}
```

【2-1-7】阅读下列程序，分析数据类型之间的转换过程，写出程序运行结果，并上机检验。

```c
#include<stdio.h>
void main()
{
    float f,x=3.9,y=5.7;
    int i=2,a,b,c;
    a=x+y;
    b=(int)x+y;
    c=(int)x+(int)y;
    f=11.0/i;
    printf("a=%d,b=%d,c=%d,f=%f\n",a,b,c,f);
}
```

程序运行结果：_____

【2-1-8】阅读下列程序，掌握复合赋值运算符的用法，写出程序运行结果，并上机检验。

```c
#include<stdio.h>
void main()
{
  int x,y,z;
  x=1;
  y=2;
  z=3;
  x+=y;
  y%=x;
  z/=x;
  printf("x=%d\n",x+=y);
  printf("y=%d\n",y);
  printf("z=%d\n",z);
}
```

程序运行结果：_____

【2-1-9】阅读下列程序，掌握符号常量的用法，写出程序运行结果，并上机检验。

```c
#include <stdio.h>
#define LENGTH 10
#define WIDTH 5
#define NEWLINE '\n'
void main()
{
  int area;
  area = LENGTH * WIDTH;
  printf("value of area : %d", area);
  printf("%c", NEWLINE);
}
```

程序运行结果：_____

2. 程序填空

【2-2-1】下列程序实现的功能如下：接收通过键盘输入的一个字母，如果输入的是大写字母，就转换为小写字母并输出；如果输入的是小写字母，就转换为大写字母并输出；如果输入了其他字符，就输出一条提示信息。请在空白处填入适当的语句。

```c
#include<stdio.h>
void main()
{
  char c;
  printf("请输入一个字母：");
  scanf("%c",&c);
  if(c>='A'&&c<='Z')
      printf("%c\n", _____①_____ );
  else if(c>='a'&&c<='z')
      printf("%c\n", _____②_____ );
  else printf("输入错误，输入的字符无大小写之分");
}
```

3. 程序改错

【2-3-1】下列程序中有 5 处语法错误，请改正这些错误，使程序运行正确。

```c
#include<stdio.h>
#define PRICE 100;
#define DISCOUNT 0.8;
voidmian
{
```

15

```
    int total;
    total=10*PRICE*DISCOUNT;
    printf("total=%d\n",total);
    total=100*PRICE*DISCOUNT;
    printf("total=%d\n",total);
}
```

【2-3-2】下列程序中有 3 处语法错误，请改正这些错误，使程序运行正确。

```
#include <stdio.h>
void main()
{
    int a = 10;
    c = a+  +;
    printf("%d\n", c );
    c =(a+c)--;
    printf("%d\n", c );
}
```

4. 程序设计

【2-4-1】编写程序，实现如下功能：输入华氏温度，输出对应的摄氏温度，计算结果保留两位小数。

计算公式为：$C=\dfrac{5}{9}(F-32)$ (F 代表华氏温度，C 代表摄氏温度)

算法提示：

(1) 注意，数据类型的自动转换可能会引起计算结果不正确。例如，按照 C 语言中的除法运算规则，公式中的 5/9 可能导致无论输入的数据是多少，计算结果都为 0。

(2) 在数学公式中，我们通常会省略乘号，但在书写 C 语言表达式时，不可以省略任何计算符号。

【2-4-2】已知三角形的三条边的长度分别是 3、5、7 厘米，使用海伦公式求这个三角形的面积。

海伦公式为：$S=\sqrt{p(p-a)(p-b)(p-c)}$。

其中：$p=\dfrac{1}{2}(a+b+c)$，a、b、c 分别代表三角形各条边的长度。

算法提示：

(1) 开平方函数为 sqrt，定义在头文件 math.h 中。

(2) 存放 p 值与 S 值的变量应定义为实型。

(3) 在计算 $p=(a+b+c)/2$ 时，应设法把计算结果转换为实型之后再赋值，否则计算结果有可能不正确。

【2-4-3】编写程序，输出心形图案。

算法提示：可以任选一种字符(如*、@或%)，将字符在屏幕上按图形规律显示即可。

【2-4-4】编写程序,将变量 a 赋值为 0.0,将变量 b 赋值为 1.2,将变量 c 也赋值为 1.2,判断变量 a 是否等于 0 以及变量 b 和变量 c 是否相等。

算法提示:

(1) 实数一般不判断是否"相等",而是判断是否接近。判断变量 a 是否为 0 的方法,通常是判断变量 a 的绝对值是否小于 10^{-6}。在判断变量 b 和变量 c 是否相等时,需要对它们执行减法运算,再取绝对值,然后判断这个绝对值是否小于 10^{-6}。

(2) 如果参与比较的两个数都比 10^{-6} 小,则不能再使用 10^{-6} 作为判断标准,而应重新定义误差范围。

(3) 实数的求绝对值函数为 fabs,定义在头文件 math.h 中。

(4) 10^{-6} 可以使用指数形式写为 1e-6。

实验 3 常用输入输出函数

一、实验目的

- 掌握字符输入输出函数的用法。
- 掌握格式输入输出函数的用法。
- 在使用 printf 函数时,掌握输出格式控制字符串的使用方法。
- 在使用 scanf 函数时,能够理解输入格式需要与格式控制字符串中的要求保持一致。

二、实验内容

1. 基础练习

【3-1-1】完成如下程序的输入,运行程序,理解 getchar 函数和 putchar 函数的用法。

```
#include <stdio.h>
void main()
{
    int c;
    printf( "Enter a value :");
    c = getchar( );
    printf( "\nYou entered: ");
    putchar( c );
    printf( "\n");
}
```

[注意] getchar 函数不带参数。

【3-1-2】使用 scanf 函数输入数据,写出为了使 a=1、b=2、x=3.5、y=4.6、c1='A'、c2='z',应如何输入数据?并上机检验。

```
#include <stdio.h>
void main()
{
    int a,b;
    float x,y;
    char c1,c2;
    scanf("a=%d,b=%d",&a, &b);
    scanf("%f,%f",&x,&y);
    scanf("%c%c",&c1, &c2);
    printf("a=%d,b=%d,x=%f,y=%f,c1=%c,c2=%c\n",a,b,x,y,c1,c2);
}
```

请写出输入格式：＿＿＿＿＿＿＿＿＿＿＿＿＿＿＿＿＿＿＿＿＿＿＿＿＿

【3-1-3】使用 scanf 函数输入数据，为了使 a=10、b=20、c1='A'、c2='a'、x=1.1、y=-2.2、z=3.3，应如何输入数据？并上机检验。

```
#include <stdio.h>
void main()
{
    int a,b;
    float x,y,z;
    char c1,c2;
    scanf("%5d%5d%c%c%f%f%*f,%f",&a, &b, &c1, &c2, &x,&y,&z);
    printf("a=%d,b=%d,c1=%c,c2=%c,x=%6.2f,y=%6.2f,z=%6.2f\n",a,b,c1,c2,x,y,z);
}
```

请写出输入格式：＿＿＿＿＿＿＿＿＿＿＿＿＿＿＿＿＿＿＿＿＿＿＿＿＿

【3-1-4】假设圆的半径 r =2.5，圆柱高 h =3，求底面周长、底面积和圆柱体积。使用 scanf 函数输入数据，在输入数据之前要有提示信息，输出时要有文字说明，保留两位小数。请参考如下代码，完成上机练习。

```
#include <stdio.h>
void main ()
{
    float h,r,l,s,v;
    float pi=3.141526;
    printf("请输入圆的半径 r 和圆柱高 h：");
    scanf("%f,%f",&r,&h);           //输入圆的半径 r 和圆柱高 h
    l=2*pi*r;                        //计算底面周长 l
    s=pi*r*r;                        //计算底面积 s
    v=pi*r*r*h;                      //计算圆柱体积 v
    printf("底面周长为：l=%6.2f\n",l);
    printf("底面积为： s=%6.2f\n",s);
```

```
    printf("圆柱体积为：=%6.2f\n",v);
}
```

【3-1-5】测试 float 型数据的有效位数，程序如下，请上机验证。

```
# include <stdio.h>
int main()
{
  Float a;
  a= 10000/3.0;
  printf(" %f\n",a);
}
运行结果：
3333.333252
```

计算的理论值应为 3333.3333333…，但由于 float 型数据只能保证 6 或 7 位有效数字，因此虽然程序输出了 6 位小数，但从左边开始的第 7 位数字以后的结果并不保证绝对正确。

请问，如果变量 a 的数据类型为 double，其他不变，输出结果如何？可上机一试。
请写出测试结果：_____

【3-1-6】阅读下列程序，体验非格式控制字符的用法，写出运行结果，并上机检验。

```
# include <stdio.h>
int main()
{
  int a=88,b=89;
  printf("%d %d\n",a,b);
  printf("%d,%d\n",a,b);
  printf("%c,%c\n",a,b);
  printf("a=%d,b=%d",a,b);
}
```

程序运行结果：_____

【3-1-7】阅读下列程序，写出运行结果，并上机检验。

```
# include <stdio.h>
int main()
{
  int a=15;
  float b=123.456;
  double c=12345678.1234567;
  char d='p';

  printf("a=%d\n", a);
  printf("a=%d,a=%5d,a=%o,a=%x\n\n",a,a,a,a);
```

```
    printf("a=%f\n", b);
    printf("b=%f,b=%lf,b=%5.4lf,b=%e\n\n",b,b,b,b);

    printf("c=%f\n", c);
    printf("c=%lf,c=%f,c=%8.4lf\n\n",c,c,c);

    printf("d=%c\n", d);
    printf("d=%c,d=%8c\n",d,d);
}
```

程序运行结果：_____

2. 程序填空

【3-2-1】按照注释中的要求填入适当的格式控制字符，并上机检验。

```
# include <stdio.h>
int main()
{
    int a=1;
    float b=3.1415926;
    char c='A';

    printf("a=___①___\n", a);   //左对齐，占6个字符宽度
    printf("a=___②___\n", a);   //右对齐，占6个字符宽度

    printf("b=___③___\n", b);   //占4个字符宽度 保留2位小数
    printf("b=___④___\n", b);   //占8个字符宽度 保留4位小数

    printf("c=___⑤___\n", c);   //按字符输出
    printf("c=___⑥___\n", c);   //按十进制整型输出
    printf("c=___⑦___\n", c);   //按八进制整型输出
    printf("c=___⑧___\n", c);   //按十六进制整型输出
}
```

【3-2-2】按照注释中的要求填入适当的格式控制字符，并上机检验。

```
# include <stdio.h>
int main()
{
    char a,b;
    int n1,n2,n3;

    scanf("___①___", ___②___);    //输入两个字符，分别赋给变量a和b
    scanf("___③___", ___④___);    //连续输入9个数字，每3个数字一组，作为整体分别赋给n1、n2、n3
```

```
    scanf("___⑤___",___⑥___);    //输入格式为 n1=5、n2=6
}
```

3. 程序改错

【3-3-1】 下列程序没有语法错误，但是得不到预期结果。例如，程序运行后，输入 3.4，输出结果为 1073741824，请找出原因后改正，并上机检验。

```
#include <stdio.h>
void main()
{
  float a;
  printf("请输入一个实型数据：");
  scanf("%f",&a);
  printf("%d",a);
}
```

【3-3-2】 下列程序的功能为：输入圆的半径后，计算圆的面积，输出结果保留两位小数，程序中有几处错误，请尝试改正，并上机检验。

```
#include <stdio.h>
voidmain()
  float r,zc,area,pi=3.14;
  printf("input r: \n");
  scanf("%f\n",r);
  zc=2*pi*r;
  area=pi*r*r;
  printf("r=%f,zc=%f,area=%f\n",r,area);
}
```

4. 程序设计

【3-4-1】 编写程序，使用 getchar 函数读入两个字符，分别赋给变量 c1 和 c2，然后分别使用 putchar 和 printf 函数输出这两个字符。思考以下问题。

(1) 变量 c1、c2 应定义为字符型还是整型？抑或二者皆可？

(2) 要求将 c1、c2 变量按 ASCII 码输出，应使用 putchar 函数还是 printf 函数？

(3) 整型变量与字符变量是否在任何情况下都可以互相替代？

【3-4-2】 编写程序，练习 scanf 和 printf 函数的格式控制字符的使用方法。

(1) 输入两个字符，分别赋给变量 c1，c2，将它们按十进制整型输出。

(2) 输入两个整型数值，以逗号作为分隔符，分别赋给变量 a1 和 a2，将它们按域宽为 5 输出。

(3) 输入两个实型数值，以冒号作为分隔符，分别赋给变量 f1 和 f2，将它们按域宽为 5 输出并保留两位小数。

(4) 在使用每一条 scanf 语句之前，请在屏幕上显示合理的提示信息。

实验 4 选择结构

一、实验目的

- 掌握使用关系表达式和逻辑表达式表示判断条件的方法。
- 掌握逻辑值的表示方法：非零值代表真，0 代表假。
- 熟练掌握 if 语句的用法。
- 熟练掌握 switch 语句的用法。

二、实验内容

1. 基础练习

【4-1-1】以下程序可以判断输入的数字是奇数还是偶数，请阅读后进行上机验证。请尝试使用条件运算符?:改写程序。

```
#include <stdio.h>
void main()
{
  int num;
  printf("输入一个整数：");
  scanf("%d",&num);
  if (num%2==0)
     printf("偶数\n");
  else
     printf("奇数\n");
}
```

【4-1-2】以下程序实现的功能为：输出三个数中的最大数。请阅读后进行上机验证。尝试使用 if 语句改写程序。

```
#include <stdio.h>
void main()
{
  int x,y,z,max;
  printf("请输入三个整数(使用空格作为分隔符)：");
  scanf("%d%d%d",&x,&y,&z);
  max=x>y?x:y;              //比较 x 和 y，将其中较大的数赋给 max
  max=max>z?max:z;          //比较 max 和 z，将其中较大的数赋给 max
  printf("最大数为：%d; \n",max);
}
```

【4-1-3】阅读下列程序，写出预期结果，并上机检验。

```
#include <stdio.h>
```

```
void main()
{
    int i=0;
    int flag=-8;
    if(flag!=1)
    {
        if(!flag)
        {i=1;}
        else
        {
            if(flag)
            {i=2;}
            else
            {i=3;}
        }
    }
    printf("i=%d",i);
}
```

程序运行结果：＿＿＿＿＿＿＿＿＿＿＿＿＿＿＿＿＿＿＿＿

【4-1-4】阅读下列程序，写出预期结果，并上机检验。

[提示] 可尝试使用两种方法查看变量的值：一种是使用 printf 语句；另一种是设置断点。

```
#include <stdio.h>
void main()
{
    int x=10,y=20,z=30;
    if(z>y)
        z=x;x=y;y=z;
    printf("x=%d,y=%d,z=%d\n",x,y,z);
}
```

程序运行结果：＿＿＿＿＿＿＿＿＿＿＿＿＿＿＿＿＿＿＿＿

【4-1-5】以下程序实现的功能为：输入一个整数，判断能否被 3、5、7 整除，然后输出这个整数所属的类型。其中，类型 A 表示能同时被 3、5、7 整除，类型 B 表示能被其中两数整除，类型 C 表示能被 3、5、7 中的一个数整除，类型 D 表示不能被 3、5、7 中的任意一个数整除。请分析程序并上机检验，注意 switch 语句的用法。

```
#include <stdio.h>
void main()
{
    int n,flag=0;
    printf("请输入一个整数：");
    scanf("%d",&n);
```

```
    if(n%3==0) flag+=1;
    if(n%5==0) flag+=2;
    if (n%7==0) flag+=4;
    switch(flag)
    { case 0:   printf("%d 属于 D 类：不能被 3、5、7 中的任何一个数整除\n",n);break;
      case 1:   printf("%d 属于 C 类：能被 3 整除\n",n);break;
      case 2:   printf("%d 属于 C 类：能被 5 整除\n",n);break;
      case 3:   printf("%d 属于 B 类：能被 3 和 5 整除\n",n);break;
      case 4:   printf("%d 属于 C 类：能被 7 整除\n",n);break;
      case 5:   printf("%d 属于 B 类：能被 3 和 7 整除\n",n);break;
      case 6:   printf("%d 属于 B 类：能被 5 和 7 整除\n",n);break;
      case 7:   printf("%d 属于 A 类：能同时被 3、5、7 整除\n",n);break;
    }
}
```

[注意] 请思考一下，把程序中的 flag+=4 改成 flag+=3 可以吗？

当输入 105 时，运行结果如下：_____

当输入 35 时，运行结果如下：_____

当输入 113 时，运行结果如下：_____

当输入 987654 时，运行结果如下：_____

【4-1-6】阅读下列程序，写出预期结果，并上机检验。注意 break 语句的用法。

```
#include <stdio.h>
void main()
{
  int s=0,i;
  for(i=0;i<3;i++)
  {switch(s)
    {
      case 0:
      case 1:s+=1;
      case 2:s+=2;break;
      case 3:s+3;
      case 4:s+=4;
    }
    printf("%d\n",s);
  }
}
```

程序运行结果：_____

【4-1-7】阅读下列程序，写出预期结果，并上机检验。

```
#include <stdio.h>
void main()
```

```
{
    int a,b;
    printf("Input two numbers:a,b");
    scanf("%d,%d",&a,&b);
    printf("max=%d\n",a>b?a:b);
}
```

程序运行结果：_____

【4-1-8】阅读下列程序，将程序实现的功能写在横线上，并上机检验。

```
# include <stdio.h>
void main()
{
    char c ;
    scanf("%c",&c);
    c=(c>='A'&&c<='Z')?(c+32):'0';
    printf("%c\n",c) ;
}
```

程序实现的功能：_____

【4-1-9】阅读下列程序，将程序实现的功能写在横线上，并上机检验。

```
#include <stdio.h>
void main()
{
    int A=10;
    int B=20;
    char buy;
    int sum,number;

    printf("以下是本店的商品及价格：\n A 商品每个十元； \n B 商品每个二十元； \n\n");
    printf("请输入你所需的产品(A 或 B):");
    scanf("%c",&buy);
    printf("请输入所需的数量： ");
    scanf("%d",&number);
    sum=buy=='A'?A*number:B*number;
    printf("\n 你所需的%d 个%c 商品总共%d 元。\n",number,buy,sum);
}
```

程序实现的功能：_____

2. 程序填空

【4-2-1】下列程序将要实现的功能为：实现加、减、乘、除四则运算。例如，输入 5+6，

输出结果为5+6=11。请在空白处填入适当的语句,并上机检验。

```c
#include <stdio.h>
void main()
{
   int a,b,x;
   char ch;
   printf("输入一个表达式,如5+6: ");
   scanf("%d%c%d", ___①___ );
   switch(___②___)
   {
      case '+':x=___③___    //加法运算执行此分支
           printf("%d+%d=%d\n",a,b,x);
           break;
      case '-':x=___④___    //减法运算执行此分支
           printf("%d-%d=%d\n",a,b,x);
           break;
      case '*':x=___⑤___    //乘法运算执行此分支
           printf("%d*%d=%d\n",a,b,x);
           break;
      case '/':if(___⑥___)   //除法运算执行此分支
               printf("除数不能为0\n");
           else
               printf("%d/%d=%f\n",a,b,(float)___⑦___);   //强制类型转换
           break;
      default:printf("输入错误,请重试!\n");
   }
}
```

【4-2-2】下列程序将要实现的功能为:判断通过键盘输入的字符是数字、英文字符还是其他字符。请在空白处填入适当的语句,并上机检验。

[提示] 逻辑与运算符为&&,逻辑或运算符为||。

```c
#include <stdio.h>
void main()
{
   char ch;
   scanf("%c",&ch);
   if(___①___)                          //判断输入的字符是否为数字
      printf("%c is a digit\n",ch);
   else if(___②___ || ___③___)         //判断输入的字符是否为英文字符
      printf("%c is a letter\n",ch);
   else printf(" %c is another character .\n",ch);   //输入的字符为其他字符
}
```

3. 程序改错

【4-3-1】下列程序将要实现如下功能：通过键盘输入 0～9 的一个数字，输出对应的英文单词。例如，如果输入 1，程序将输出 one。目前，这个程序中有几处错误，请改正错误，使程序运行后能够输出正确的结果，并上机检验。

```
#include<stdio.h>
void main()
{
  char n;
  scanf("%c",&n);
  switch(n)
  {
  case 0:printf("zero");
  case 1:printf("one");
  case 2:printf("two");
  case 3:printf("three");
  case 4:printf("four");
  case 5:printf("five");
  case 6:printf("six");
  case 7:printf("seven");
  case 8:printf("eight");
  case 9:printf("nine");
  default: printf("输入有误！");
  }
}
```

【4-3-2】下列程序将要实现如下功能：输入一个个位数，输出对应的三位数(每一位都与这个个位数相同)。这个程序中有几处错误，导致程序运行结果不正确，请改正并上机检验。

```
#include <stdio.h>
void main()
{
  char  c;
  puts("输入一个个位数：");
  c=getchar();
  if(c<=9 && c>=0);
    printf("%c%c%c\n",c,c,c);
  if(c>9 || c<0);
    printf("输入的不是数字\n");
}
```

4. 程序设计

【4-4-1】使用键盘输入三个整数，分别存入变量 a、b、c 中，输出其中最大的那个整数。

算法提示：

(1) 定义一个变量以存放最大的那个整数，例如 max。

(2) 找出 a 和 b 中较大的那个整数并存入 max 中。

(3) 将 c 与 max 做比较，将其中较大的那个整数存入 max 中。

(4) 输出 max。

【4-4-2】输入三个整数 x、y、z，将这三个整数由小到大输出。

算法提示：

(1) 比较 x 与 y，如果 x>y，对 x 与 y 进行交换。

(2) 比较 x 与 z，如果 x>z，对 x 与 z 进行交换。

(3) 比较 y 与 z，如果 y>z，对 y 与 z 进行交换。

【4-4-3】输入年份，判断是否为闰年。

算法提示：

(1) 定义整型变量 year 以存放输入的年份。

(2) 闰年能被 4 整除但不能被 100 整除，或者说能被 400 整除。

(3) 可将判断规则表示为：(year%4==0&&year%100!=0)||year%400==0。

(4) 关于闰年的判断写法有很多，可自行探索。例如，可以使用带嵌套的 if 语句实现上述判断逻辑。

【4-4-4】分别使用 if 语句和 switch 语句实现如下功能：输入某学生的成绩，经处理后输出对应的等级，等级分类如下。

A：90 分以上(包括 90 分)。

B：80～90 分(包括 80 分)。

C：70～80 分(包括 70 分)。

D：60～70 分(包括 60 分)。

E：60 分以下。

【4-4-5】输入 4 个整数，要求将它们按由小到大的顺序输出。

【4-4-6】某幼儿园收 2～6 岁的孩子：2～3 岁的孩子进小班(lower class)；4 岁的孩子进中班(middle class)；5～6 岁的孩子进大班(higher class)。编写程序，输入孩子的年龄，输出年龄及进入的是何种班级。例如，输入 3，输出 "age：3，enter lower class"。

算法提示：

(1) 可以使用 switch 语句实现对年龄的判断。

(2) 注意 age 变量的数据类型会影响 switch 语句的写法。

【4-4-7】使用 if 语句编写程序，实现如下函数：

$$y=\begin{cases} -x & (x<0) \\ x & (x=0) \\ x^2-1 & (x>0) \end{cases}$$

请使用 scanf 函数输入 x 的值，计算后输出对应的 y 值。分别测试输入为 -2、0、2 时的输出结果是多少。

实验 5　循环结构

一、实验目的

- 掌握 while 循环语句。
- 掌握 do-while 循环语句。
- 熟练掌握 for 循环语句的使用方法。
- 掌握 break 语句和 continue 语句在循环结构中的使用方法。
- 掌握选择结构与循环结构的嵌套。

二、实验内容

1. 基础练习

【5-1-1】求 1 到 10 之间偶数的和，可分别使用 while 语句、do-while 语句和 for 语句来完成。参考代码如下，请注意观察以上三种循环结构，并上机检验。

[提示] 为了弄清楚循环结构的执行过程，可在设置断点后单步跟踪程序。具体方法参见实验 1 中的内容。

while 语句的参考代码如下：

```c
#include <stdio.h>
void main()
{
    int i = 0,sum = 0;
    while(i <= 10)
    {
        sum += i;
        i += 2;
    }
    printf("%d\n",sum);
}
```

do-while 语句的参考代码如下：

```c
#include <stdio.h>
void main()
{
    int i = 0,sum = 0;
    do
    {
        sum += i;
        i += 2;
    }while(i <= 10);
    printf("%d\n",sum);
```

}

for 语句的参考代码如下：

```c
#include <stdio.h>
void main()
{
    int i,sum=0;
    for(i=0;i<=10;i+=2)
    {
        sum=sum+i;
    }
    printf("%d\n",sum);
}
```

【5-1-2】已知 $\dfrac{\pi}{4}=1-\dfrac{1}{3}+\dfrac{1}{5}-\dfrac{1}{7}+\dfrac{1}{9}$，求 π 的近似值。当最后一项的绝对值小于 10^{-6} 时，累加结束。由于循环次数不确定，推荐使用 while 语句。请阅读如下程序，上机实践，并尝试使用 do-while 语句改写程序。

```c
#include<stdio.h>
#include<math.h>
int main()
{
    float t=1.0,sum=0,sign=1;
    int i=1;
    while(fabs(t)>=0.000001)
    {
        sum = sum+t;
        i+=2;
        sign = -sign;
        t=sign/i;
    }
    printf("π=%lf\n",4*sum);
}
```

【5-1-3】阅读下列程序，写出预期结果，并上机检验。

```c
#include<stdio.h>
void main()
{
    int x=23;
    do
    {
```

```
      printf("%d\n",x--);
  }while(!x);
}
```

程序运行结果：_____

【5-1-4】阅读下列程序，理解双重 for 循环的执行过程，写出预期结果，并上机检验。

```
#include<stdio.h>
void main()
{
  int i,j;
  for(i=0;i<3;i++)
  {
     for(j=0;j<3;j++)
     {
        printf("*");
     }
     printf("\n");//用来换行
  }
}
```

程序运行结果：_____

【5-1-5】阅读下列程序，理解双重 for 循环的执行过程，写出预期结果，并上机检验。

```
#include <stdio.h>
void main()
{
  int m,n;
  for (n=1;n<=9;n=n+1)
  {
     for (m=1;m<=n;m=m+1)
        printf("%d*%d=%2d   ",m,n,n*m);
     printf("\n");
  }
}
```

程序运行结果：_____

【5-1-6】下列程序的功能是找出 100 以内的全部素数，请写出 break 语句的用途，并上机调试。

```
#include<stdio.h>
void main()
{
```

```
   int isprime= 1,i,j;
   for(i=3;i<=100; i++)      //i 的变化范围为 3~100，判断每个 i 是否为素数
   {
      isprime = 1;            // 在每一次内层循环开始之前，把 isprime 设置为 1
      for(j=2;j<i;j++)
      {
         if (i%j == 0)
         {
            isprime = 0;     //使用 isprime 记录 i 不是素数
            break;
         }
      }
      if (isprime == 1)
      {
         printf("%3d",i);
      }
   }
}
```

break 语句的用途：_____

【5-1-7】下列程序的功能是找出 100 和 200 之间的不能被 3 整除的整数，请写出 continue 语句的用途，并上机调试。

```
#include<stdio.h>
void main()
{
   int n;
   for(n=100;n<=200;n++)
   {
      if(n%3==0)
         continue;
      printf("%d   ",n);
   }
}
```

continue 语句的用途：_____

【5-1-8】阅读下列程序，练习 for 语句和 switch 语句的嵌套，写出预期结果，并上机检验。

```
#include <stdio.h>
void main()
{
   int x,y;
   for(y=0,x=1;x<4;x++)
```

```
    {
        if(y==2){ x-= y;   continue; }
        switch(x)
        {
            case 1:   printf("x=%d    ",x); continue;
            case 2:   printf("x+y=%d    ",x+y); break;
            case 3:   printf("x*y=%d    ",x*y); continue;
            case 4:   printf("x-y=%d    ",x-y); break;
        }
        printf("y=%d    ",++y);
    }
}
```

程序运行结果：_____

2. 程序填空

【5-2-1】以下程序实现了使用 while 循环语句计算 $1+\dfrac{1}{2!}+\dfrac{1}{3!}+\cdots+\dfrac{1}{20!}$ 的值，计算结果为 1.718282，请在空白处填写适当的语句，使程序运行后能够输出正确的结果，并上机检验。

```
#include <stdio.h>
void main()
{
    int i;
       ____①____
    long mul=1;   //存放 i 的阶乘
    for(i=1;i<=20;i++)
    {
        mul=mul*i;
        sum=sum+____②____;
    }
    printf("1+1/2!+1/3!+…+1/20!=%f", ____③____ );
}
```

【5-2-2】以下程序的功能是求一个正整数的位数并将这个正整数按数位逆序输出。例如，如果输入 12345，就按数位逆序输出 54321。请在空白处填写适当的语句，使程序运行后能够输出正确的结果，并上机检验。

```
#include <stdio.h>
void main()
{
    int n,m=0,i=0;
    printf("请输入一个正整数：");
    scanf("%d",&n);
```

```
while(____①____)
{
    m=m*10+n%10;
     ____②____
    i++;
}
printf("n 是%d 位数\n",____③____);
printf("将 n 按数位逆序输出: %d\n",____④____);
}
```

3. 程序改错

【5-3-1】以下程序用于计算 $1+\dfrac{1}{2\times 2}+\dfrac{1}{3\times 3}-\dfrac{1}{4\times 4}\cdots +(-1)^{m+1}\dfrac{1}{m\times m}$ 的值。例如，如果 m 的值为 5，则计算结果为 0.838611。请改正程序中的错误，并上机检验。

```
#include <stdio.h>
void main()
{
    int n=5;
    double y=1.0;
    int j=1;
    int i;
    for(i=2;i<=5; i++)
    {
        j=-1*j;
        y+=1/(i * i);
    }
    printf("\nThe result is %lf\n" ,y);
}
```

【5-3-2】以下程序的功能是计算正整数 n 的各位数字的平方和。例如，如果输入 123，那么因为 $1^2+2^2+3^2=14$，所以应该输出 14。请改正程序中的错误，使程序运行后能够输出正确的结果，并上机检验。

```
#include <stdio.h>
void main()
{
    long n;
    printf("\Please enter a number:");
    scanf("%ld",&n);
    long k=1;
    do
    {
        k+=(n%10)*(n%10);
```

```
    n/=10;
}while(n)
printf("\n%ld\n",k);
}
```

4. 程序设计

【5-4-1】编写程序，接收通过键盘输入的一行字符，分别统计出其中所含英文字母、空格、数字及其他字符的个数。

算法提示：

(1) 由于输入的字符串长度不确定，因此循环次数也不确定，推荐使用 while 语句。

(2) 可在使用循环结构和分支结构时进行合理的缩进以保持程序结构清晰。

【5-4-2】使用数字 1、2、3、4 能组成多少个互不相同且无重复数字的三位数？分别是哪些三位数？

算法提示：

(1) 任取其中 3 个数字，组成一个三位数。

(2) 不满足条件的数字不要显示，只显示满足条件的数字。

(3) 需要使用三重循环，请对代码进行缩进以保持程序结构清晰。

【5-4-3】有一种数被称为超完全数、不变数、自幂数或阿姆斯特朗数。水仙花数是这样一个 n 位数($n \geqslant 3$)，这个数的每一位数字的 n 次幂之和等于该数本身，例如 $1^3+5^3+3^3=15^3$。水仙花数是自幂数的一种，严格来说，只有三位数的 3 次幂数才称为水仙花数，请打印三位数的水仙花数。

算法提示：

(1) 分别求出一个三位数的百位数、十位数和个位数。

(2) 根据规则，判断这个三位数是否为水仙花数。

【5-4-4】使用辗转相除法求两个正整数的最大公约数。

算法提示：

(1) 辗转相除法的计算步骤如下：用两个正整数中的较大数除以较小数，并用出现的余数(第一余数)去除除数，再用出现的余数(第二余数)去除第一余数，如此反复，直到余数最后为 0 为止。得到的最后那个除数就是这两个正整数的最大公约数。

(2) 假设首先将两个正整数中较大的那个数存放到 m 中，将较小的那个数存放在 n 中。

(3) 计算 m%n。

(4) 若余数为 0，则 n 为最大公约数，否则转到(5)。

(5) 把除数作为新的被除数，而将余数作为新的除数。

(6) 求出新的余数。

(7) 重复步骤(4)～(6)，直到余数为 0，n 即为最大公约数。

【5-4-5】将正整数分解为质因数。例如，输入 90，打印出 90=2*3*3*5。

算法提示：

(1) 在将正整数 n 分解为质因数时，应首先找到最小的质数 k。

(2) 如果这个质数恰好等于 n，则说明质因数的分解过程已经结束，打印即可。

(3) 如果 n 不等于 k，但 n 能被 k 整除，则打印 k 的值，并将 n 除以 k 的商作为新的正整数 n。
(4) 重复上面的步骤(2)和步骤(3)。
(5) 如果 n 不能被 k 整除，就将 k+1 作为 k 的值，从步骤(1)开始重复执行上述操作。

【5-4-6】打印如下图案(菱形)。
```
   *
  ***
 *****
*******
 *****
  ***
   *
```

算法提示：
(1) 上述图形可分成两部分看待，前四行遵循一种规律，后三行遵循另一种规律。
(2) 利用双重 for 循环，第一层控制行，第二层控制列。

实验 6　数　　组

一、实验目的

- 熟练掌握一维数组的定义方法及含义。
- 熟练掌握一维数组元素的输入输出、初始化及引用方法。
- 掌握基于一维数组的冒泡排序法和简单选择排序法。
- 熟练掌握二维数组的定义方法及含义。
- 熟练掌握二维数组元素的输入输出、初始化及引用方法。
- 理解和掌握使用字符数组存放字符串的原理和内存结构，弄清楚如何在字符数组中对字符串进行引用以及相关的输入输出方法。
- 熟练掌握字符串处理函数。

二、实验内容

1. 基础练习

【6-1-1】阅读下列程序，写出预期结果，并上机检验。

```c
#include <stdio.h>
void main()
{
    int i,a[5];
    for(i=0;i<5;i++)
        a[i]=i;
    for(i=4;i>=0;i--)
```

```
    printf("%3d",a[i]);
  printf("\n");
}
```

程序运行结果：_____

【6-1-2】阅读下列程序，写出预期结果，并上机检验。

```
#include<stdio.h>
void main()
{
  int a[]={2,3,5,4},i;
  for(i=0;i<4;i++)
  switch(i%2)
  {
    case 0:switch(a[i]%2)
    {
      case 0:a[i]++;break;
      case 1:a[i]--;
    }break;
    case 1:a[i]=0;
  }
  for(i=0;i<4;i++)
    printf("%d",a[i]);
  printf("\n");
}
```

程序运行结果：_____

【6-1-3】阅读下列程序，写出预期结果，并上机检验。

```
#include<stdio.h>
void main()
{
  int i,j=0;
  char a[]="How are you!";
  for (i=0; a[i]; i++)
  if(a[i]!=' ')
    a[j++]=a[i];
  a[j]='\0';
  printf("%s\n",a);
}
```

程序运行结果：_____

【6-1-4】阅读下列程序，写出预期结果，并上机检验。

```
#include<stdio.h>
void main()
{
    int x[3][2]={0},i;
    for(i=0;i<3;i++) scanf("%d",x[i]);
    printf("%3d%3d%3d\n",x[0][0],x[0][1],x[1][0]);
}
```

若运行时输入 2␣4␣6↵，则程序运行结果为_____

【6-1-5】阅读下列程序，写出预期结果，并上机检验。

```
#include<stdio.h>
void main()
{
    int i,t[ ][3]={9,8,7,6,5,4,3,2,1};
    for(i=0;i<3;i++)
    printf("%d",t[2-i][i]);
}
```

程序运行结果：_____

【6-1-6】阅读下列程序，写出预期结果，并上机检验。

```
#include<stdio.h>
void main()
{
    char a[5][10]={"one","two","three","four","five"};
    int i,j;
    char t;
    for(i=0;i<4;i++)
        for(j=i+1;j<5;j++)
            if(a[i][0]>a[j][0])
            { t=a[i][0];a[i][0]=a[j][0];a[j][0]=t;}
    puts(a[1]);
}
```

程序运行结果：_____

【6-1-7】阅读下列程序，写出预期结果，并上机检验。

```
#include <stdio.h>
void main()
{
    char s[]="012xy\08s34f4w2";
    int i,n=0;
    for(i=0;s[i]!=0;i++)
```

```
        if(s[i]>='0'&&s[i]<='9') n++;
    printf("%d\n",n);
}
```

程序运行结果：_____

【6-1-8】阅读下列程序，将程序实现的功能写在横线上，并上机检验。

```
#include <stdio.h>
void main()
{
    char s[]={"012xy"};int i,n=0;
    for(i=0;s[i]!=0;i++)
        if(s[i]>='a'&&s[i]<='z')n++;
    printf("%d\n",n);
}
```

程序运行结果：_____

2. 程序填空

【6-2-1】下列程序将要实现的功能为：为数组中的所有元素赋值并找出最大值。例如，输入1、2、3、4、5、6、7、8、9、0，输出结果为：The biggest is 9。请在空白处填入适当的语句，并上机检验。

```
#include <stdio.h>
void main()
{
    int i,_____①_____,big;           /*定义数组及变量 */
    for(i=0;i<10;i++)
        _____②_____ ;                /*为数组中的所有元素赋值   */
    big=array[0];
    for(i=0;i<10;i++)                 /*找出数组中最大的元素*/
        if(_____③_____) big=array[i];
    printf("The biggest is %3d\n",_____④_____);   /*输出数组中最大的元素*/
}
```

【6-2-2】下列程序将要实现的功能为：通过键盘输入 10 个数，使用冒泡排序法将这 10 个数从小到大排序，并按格式要求输出。请在空白处填入适当的语句，并上机检验。

```
#include<stdio.h>
void main()
{
    int a[10],i,j,t;
    for(i=0;i<10;i++)
        scanf("%d",_____①_____);
```

```
       for(_____②_____)
    {   for(j=0;j<___③___;j++)
          if(___④___)
             {_____⑤_____}
    }
    for(i=0;i<10;i++)
       printf("%d ",___⑥___);
}
```

3. 程序改错

【6-3-1】 求一维数组 a 中所有元素的平均值，结果保留两位小数。例如，如果一维数组 a 中的元素为 10、4、2、7、3、12、5、34、5、9，那么输出为 The aver is 9.10。目前程序中有 6 处错误，请改正错误，使程序运行结果正确，并上机检验。

```c
#include<stdio.h>
void main()
{
    int a[10]={10,4,2,7,3,12,5,34,5,9},i;
    int aver,s;
    s=a[0];
    for(i=1,i<10,i++)
    s+= a[i];
    aver=s/(i-1);
    printf("The aver is %2f\n", aver);
}
```

4. 程序设计

【6-4-1】 将 10 个各不相同的整数输入一维数组中，将它们由小到大排序后输出。排序后，去掉最大值和最小值，求出平均值并输出结果。

算法提示：

(1) 可以任选一种排序方法，如冒泡排序法或简单选择排序法，排完序后，最大值和最小值就将位于数组的两端。

(2) 注意：去掉最大值和最小值后，参与求平均值运算的数字将减少两个。

【6-4-2】 编写程序，输入 6 个整数并存入一个数组中，再将它们按输入顺序的逆序形式存放到同一数组中并输出。

算法提示：首先通过交换将输入的 6 个整数逆序存放到同一数组中，然后将逆序后的数组输出。

【6-4-3】 输入一维数组的 6 个元素，将值最大的那个元素与最后一个元素交换。

算法提示：

(1) 找到一维数组中值最大的那个元素，并记录下标。

(2) 将值最大的那个元素与最后一个元素交换。

【6-4-4】求 3 行 3 列数组的外围元素之和。

算法提示：

(1) 为 3 行 3 列数组输入数据。

(2) 完成第 1 行和第 3 行数据的累加，再加上第 1 列和第 3 列各自中间的数据即可。

【6-4-5】对两个字符串 abc 和 edf 进行连接，不要使用 stract 函数。

算法提示：

(1) 如果输入 abc edf，那么输出 abcedf。

(2) 找到表示字符串 abc 结束的数组元素的下标。

(3) 注意，存放字符串的数组需要足够大。

【6-4-6】将通过键盘输入的字符串中的小写字母转换为大写字母。

算法提示：

(1) 如果输入 aab23edf，那么输出 AAB23EDF。

(2) 可利用大小写字母的 ASCII 码值进行大小写字母的转换。

实验 7 函　　数

一、实验目的

- 掌握函数的定义方法。
- 掌握函数的实参与形参的对应关系以及"值传递"方式。
- 掌握数组名作为函数参数时的用法。
- 了解函数的嵌套调用和递归调用。
- 掌握全局变量、局部变量、动态变量和静态变量的概念及使用方法。

二、实验内容

1. 基础练习

【7-1-1】运行下列程序，如果输入 12_34_56↵，程序运行结果如何？分析 fun 函数能否完成对 main 函数传进来的数据从大到小进行排序的目的，写出原因，并上机检验。

```
#include<stdio.h>
void fun(int n1,int n2,int n3)
{
  int t;
  if(n1<n2) t=n1,n1=n2,n2=t;
  if(n1<n3) t=n1,n1=n3,n3=t;
  if(n2<n3) t=n2,n2=n3,n3=t;
  printf("fun:  %d,%d,%d\n",n1,n2,n3);
}
void main()
```

```
{
    int n1,n2,n3;
    printf("请输入三个整数 a、b、c: \n");
    scanf("%d,%d,%d",&n1,&n2,&n3);
    fun(n1,n2,n3);
    printf("main: %d,%d,%d\n",n1,n2,n3);
}
```

程序运行结果：_____

【7-1-2】阅读下列程序，main 函数将分三次调用 fun 函数，写出预期结果，并上机检验，从而进一步理解静态变量的生命周期。

```
#include <stdio.h>
void fun()
{
    static int s=6;
    int x=3,y=4;
    s+=x;
    if(s<10) y+=6;
    else y-=6;
    s+= y/3;
    printf("x=%d,y=%d,s=%d\n",x,y,s);
}
void main()
{
    fun();
    fun();
    fun();
}
```

程序运行结果：_____

【7-1-3】阅读下列程序，写出预期结果，并上机检验，从而进一步理解函数参数的求值顺序。

```
#include <stdio.h>
int fun(int a,int b)
{
    if(a>b) return a;
    return b;
}
void main()
{
    int a=2,b=3;
    printf("result=%d\n",fun(a++,b+=2));
    printf("result=%d\n",fun(b+a,a=1));
}
```

程序运行结果：_____

【7-1-4】运行下列程序，如果输入 44_85↵，程序运行结果如何？请重点理解 return 语句的功能，并上机检验。

```c
#include <stdio.h>
int max(int a,int b)
{
    int c;
    if(a>b)
        c=a;
    else
        c=b;
    return c;
}
void main()
{
    int a,b,c;
    printf("输入两个整数 a 和 b: \n");
    scanf("%d,%d",&a,&b);
    c=max(a,b);
    printf("the max number is %d",c);
}
```

程序运行结果：_____

【7-1-5】阅读下列程序，写出预期结果，并上机检验，理解函数的返回值以及如何将函数的返回值作为另一个函数的实参。

```c
#include<stdio.h>
int f1(int x,int y)
{
    return x>y?y:x;
}
int f2(int x,int y)
{
    if(x>y)return x;
    else return y;
}
void main()
{
    int a=5,b=7,c,d,e=9,f=6;
    c=f1(f1(a,b),f2(e,f));
    d=f2(f2(a,b),f2(e,f));
    printf("%d,%d\n",c,d);
}
```

程序运行结果：_____

【7-1-6】阅读下列程序，写出预期结果，并上机检验，从而进一步理解在将数组名作为函数参数时，实际上是按地址传递数据，实参和形参将共享内存单元。

```c
#include<stdio.h>
#define N 10
void fun(int b[],int x,int y)
{
    int i,j;
    for(i=y;i>x;i--)
        b[i+1]=b[i];
}
void main()
{
    int i,a[N]={5,6,9,5,2,1,7,8,3,10};
    fun(a,5,8);
    for(i=0;i<10;i++)
        printf("%5d",a[i]);
}
```

程序运行结果：_____

【7-1-7】阅读下列程序，写出预期结果，并上机检验，分析实参和形参共享内存单元的过程。

```c
#include<stdio.h>
void sum(int b[])
{
    b[0]=b[1]+b[2];
}
void main()
{
    int a[5]={1,2,3,4,5};
    sum(&a[2]);
    printf("%d",a[2]);
}
```

程序运行结果：_____

【7-1-8】阅读下列程序，写出预期结果，并上机检验，分析实参和形参共享内存单元的过程。

```c
#include<stdio.h>
int f(int b[],int n)
{
    if(n>=1)return b[n-1];
    else return 0;
}
```

```
void main()
{
    int a[5]={1,2,3,4,5};
    printf("%d",f(&a[1],3));
}
```

程序运行结果：＿＿＿＿＿＿＿＿＿＿＿＿＿＿＿＿

2. 程序填空

【7-2-1】prime 函数的功能是判断一个整数是否为素数，是素数则返回 1，不是素数则返回 0。在 mian 函数中，输入一个整数，调用 prime 函数以判断这个整数是否为素数。请在空白处填入适当的语句，并上机检验。

```
#include <stdio.h>
int prime (int n)
{
    int isPrime=1,i;
    for (i=2;i<n/2 && isPrime==1;i++)
        if (n%i==0)
            ____①____
    return ____②____ ;
}
void main()
{
    int n;
    printf("请输入一个整数：");
    scanf ("%d",&n) ;
    if ( ___③___ )
        printf("%d 是素数\n",n);
    else
        printf("%d 不是素数\n" ,n);
}
```

【7-2-2】swp 函数的功能是交换数组中的两个元素。在 main 函数中，调用 swp 函数以交换数组中的两个元素。请在空白处填入适当的语句，并上机检验。

```
#include<stdio.h>
void swp(int a[])
{
    int t;
    t= ___①___ ;
    ___②___ = ___③___ ;
    a[1]=t;
}
```

```
void main()
{
    int i, b[2];
    for(i=0;i<2;i++)
    {
        printf("请输入第%d 个整数",i+1);
        scanf("%d",&b[i]);
    }
    swp(____④____);
    for(i=0;i<2;i++)
        printf("%d   ",b[i]);
}
```

3. 程序改错

【7-3-1】fun 函数的功能是返回一个与传入顺序相反的整数。例如，如果传入 1234，则返回 4321。请改正程序中的错误，并上机检验。

```
#include<stdio.h>
void fun(int n)
{
    printf("%d",n%10);
    n=n/10;
    if(n>0)
    fun(n);
}
void main()
{
    int b;
    scanf("%d",&b);
    fun(&b);
}
```

4. 程序设计

[注意] 为了实现结构化编程，必须把功能从 main 函数中分离出来并写入自定义函数。

【7-4-1】编写两个函数，功能分别为求两个正整数的最大公约数和最小公倍数。使用 main 函数调用这两个函数并输出结果，两个正整数可由键盘输入。

算法提示：

(1) 定义两个分别用于求最大公约数和最小公倍数的函数。

(2) 最大公约数的计算方法：用小数除大数，如果能整除，那么小数就是最大公约数，否则用余数去除刚才得到的除数，依此类推，直到余数为 0，这时作为除数的那个数就是要求的最大公约数。

(3) 最小公倍数的计算方法：用两个数的乘积除以最大公约数。

(4) 使用 main 函数接收通过键盘输入的两个正整数，调用前面定义的两个函数以计算输入的两个正整数的最大公约数和最小公倍数。

【7-4-2】编写 sort 函数，作用是将数组元素按冒泡排序法从小到大排序。在 main 函数中调用 sort 函数，对数组元素进行排序并输出排序结果。

算法提示：

(1) 定义 sort 函数，形参为数组以及数组的长度，这样能使 sort 函数的适应性更强。

(2) 在 sort 函数中使用冒泡排序法对数组元素进行排序。

(3) 为了简化测试过程，可以在 main 函数中对数组进行初始化，数组元素可以定义为任意大小的整数。

(4) 在 main 函数中调用 sort 函数，实现数组元素的排序。

(5) 在 main 函数中输出排序结果，注意理解当把数组名作为参数时，参数是按地址进行传递的，形参与实参之间的影响是双向的。

【7-4-3】编写自定义函数，在屏幕的左上角显示一个使用星号绘制的实心正方形。在 main 函数中接收通过键盘输入的正方形的边长，调用自定义函数，显示相应的图形。正方形的边长由整型变量 side 指定，如果 side 为 3，那么显示结果如下：

* * *

* * *

* * *

算法提示：

(1) 定义 fun 函数，形参为整型变量 side。

(2) 在函数体中利用循环绘制边长为 side 的实心正方形。

(3) 在 main 函数中调用 fun 函数，实参为通过键盘输入的整数。

【7-4-4】编写自定义函数，使用递归方法计算 1+2+3+⋯+n 的值。在 main 函数中，通过键盘输入整数 n，调用自定义函数并输出计算结果。

算法提示：

(1) 定义 sum 函数，形参为整型变量 n。

(2) 在 sum 函数的函数体中使用分支语句进行如下判断：如果 n 等于 1，返回 1；否则递归调用，返回 n+sum(n−1)。

(3) 在 main 函数中，通过键盘输入一个正整数，调用 sum 函数(实参为输入的那个正整数)并输出计算结果。

实验 8　指　　针

一、实验目的

● 掌握指针与指针变量、内存单元与地址、变量与地址以及数组与地址之间的关系。

- 掌握指针变量的定义和初始化以及指针变量的引用方式。
- 掌握指针运算符以及指向变量的指针变量的使用方法。
- 掌握指向数组的指针变量的使用方法。
- 掌握指向字符数组的指针变量的使用方法。

二、实验内容

1. 基础练习

【8-1-1】阅读下列程序，练习指针变量的定义与初始化，写出预期结果，并上机检验。

```
#include <stdio.h>
void main()
{
    int a,b;
    int *p;
    p=&b;
    a=3;
    *p=5;
    printf("a=%d, b=%d\n",a,b);
}
```

程序运行结果：_____

【8-1-2】阅读下列程序，练习指针变量的定义与初始化，写出预期结果，并上机检验。

```
#include <stdio.h>
void main()
{
    int a,b;
    int *p,*q;
    a=3;
    b=5;
    p=&a;
    q=&b;
    printf("%d,%d\n",*p,*q);
}
```

程序运行结果：_____

【8-1-3】阅读下列程序，写出预期结果，并上机检验。

```
#include<stdio.h>
void main()
{
    int x=99;
    int *p1,*p2;
    p1=&x;
```

```
    p2=p1;
    printf("p1 和 p2 所指存储单元的值：%d,%d\n",*p1,*p2);
    printf("p1 和 p2 所指存储单元的地址：%p,%p\n",p1,p2);
}
```

程序运行结果：_____

【8-1-4】阅读下列程序，写出预期结果，并上机检验。

```
#include<stdio.h>
void main()
{
    int array[10]={1,2,3,4,5,6,7,8,9,0};
    int *p, *q;
    int i;
    p=array+2;
    q=array;
    *p=q[5];
    p+=2;
    *q=*(array+2);
    *array=*(array+5);
    for(i=0;i<10;i++)
        printf("%4d",*(array+i));
    printf("\n");
}
```

程序运行结果：_____

【8-1-5】阅读下列程序，写出预期结果，并上机检验。

```
#include <stdio.h>
void main()
{
    int array[10]={1,2,3,4,5,6,7,8,9,0},*p;
    int x,y,m,n,a,b;
    p=array+2;
    x=*p++;
    y=*++p;
    m=*(p++);
    n=*(++p);
    a=++*p;
    b=(*p)++;
    printf("x=%d,y=%d,m=%d,n=%d,a=%d,b=%d\n",x,y,m,n,a,b);
    p=array;
    while(p<array+10) printf("%-4d",*p++);
}
```

程序运行结果：_____

【8-1-6】阅读下列程序，练习分别使用下标法和指针法访问数组元素，写出预期结果，并上机检验。

```c
#include <stdio.h>
void main()
{
    int *p,i;
    int a[5]={1,2,3,4,5};
    p=a;
    for (i=0;i<5;i++)
        printf("%d\t ",a[i]);
    printf("\n");
    for (i=0;i<5;i++)
        printf("%d\t ",*(p+i));
}
```

程序运行结果：_____

2. 程序填空

【8-2-1】下列程序实现的功能为：输入 5 个成绩，计算平均成绩。请在空白处填入适当的代码，练习使用指针作为函数形参以及使用指针访问一维数组的方法，并上机检验。

```c
#include <stdio.h>
float aver(float *p);
void main()
{
    float score[5],av,*sp;
    int i;
    sp=score;
    for(i=0;i<5;i++)
    {
        printf("请输入第%d 个分数",i+1);
        scanf("%f",&score[i]);
    }
    av=aver(    ①    );
    printf("平均成绩为：%5.2f",av);
}
float aver(    ②    )
{
    int i;
    float av,s=0;
    for(i=0;i<5;    ③    ) s=s+*p++;
```

```
        av= ____④____ ;
    return av;
}
```

【8-2-2】已知一维数组 a[10]，计算数组 a 中下标为 m~n 的元素的和，其中 m 和 n 由键盘输入。请在空白处填入适当的代码，并上机检验。

```
#include <stdio.h>
int sum(int *q,int n)
{
    int i,s=0;
    for (i=0;i<=n;i++,q++)
        ____①____
    return s;
}
void main()
{
    int m,n, a[10]={0,1,2,3,4,5,6,7,8,9};
    int  i=0, ____②____ ;
    printf("数组元素：\n");
    for (i=0;i<10;i++,p++)
        printf("%3d",*p);
    printf("\n 起始下标：\n");
    scanf ("%d",&m);
    printf("结束下标：\n");
    scanf ("%d",&n);
    ____③____
    printf("%d\n", sum(p,n-m));
}
```

【8-2-3】在下列程序中，findmax 函数的功能是找到数组中最大元素的下标值。请在空白处填入适当的代码，并上机检验。

```
#include<stdio.h>
int findmax(int *s,int t)
{
    int i,k=0,max= ____①____ ;
    for(i=1; i<10;i++)
        if( ____②____ )    max=s[i],k=i;
    return ____③____ ;
}
void main()
{
    int a[10]={12,23,34,45,56,67,78,89,11,22},k=0,*add;
```

```
    int j;
    for(j=0;j<10;j++)
        printf("%4d%10xh\n",a[j],&a[j]);
    k=findmax(a,10);
    add=&a[k];
    printf("\n%d %d    %xh\n",a[k],k+1,add );
}
```

【8-2-4】以下程序的功能是：使用指针变量的自增运算遍历一维数组中的全部元素，输出数组中正整数的个数和所有正整数的和。请在空白处填入适当的代码，并上机检验。

```
#include<stdio.h>
#define N 10
void main()
{
    int i,k,a[N],sum,count,*p;
    count=sum=0;
    do
    {
        printf("输入小于 10 的整数：\n");
        scanf("%d",&k);
    } while (k<=0||k>N);
    printf("输入 a[0]~a[%d]:\n",k-1);
    for (p=a;p<a+k;p++)
    {
        scanf("%d",    ①    );
        if (    ②    )
        {
            sum+=*p;
            count++;
        }
    }
       ③    ;
    printf("\n 输入的数据为：\n");
    while (p<a+k)    printf("%-5d",    ④    );
    printf("\n 大于 0 的数有%d 个\n",count);
    printf("大于 0 的数的和为：%d\n",sum);
}
```

3. 程序改错

【8-3-1】在以下程序中，swap 函数的功能是交换两个整数的值，这两个整数可在 main 函数中输入。请改正程序中的错误，使程序运行结果与预期结果一致，并上机检验。

```
#include<stdio.h>
```

```
swap(int *p1,int *p2)
{
  int *p;
  *p=*p1;*p1=*p2;*p2=*p;
}
void main()
{
  int a,b;
  printf("请输入两个数字 a 和 b：\n");
  scanf("%d,%d",&a,&b);
  printf("交换前：a=%d\tb=%d\n",a,b);
  swap(a,b);
  printf("交换后：a=%d\tb=%d\n",a,b);
}
```

【8-3-2】以下程序的功能是统计一个字符串中数字字符的个数。请改正程序中的错误，并上机检验。

```
#include<stdio.h>
int digits(char *s)
{
  int c=0;
  while(s!='\0')
  {
    if(*s>=0&&*s <=9)   c++;
    s++;
  }
  return c;
}
void main()
{
  char s[80];
  printf("请输入一行字符\n");
  gets(s);
  printf("您输入的数字字符的个数是：%d\n",digits(s));
}
```

4. 程序设计

【8-4-1】编写程序，实现如下功能：通过键盘输入三个整数，定义三个指针变量 p1、p2、p3，p1 指向这三个整数中的最大者，p2 指向次大者，p3 指向最小者，最后按由大到小的顺序输出这三个整数。

算法提示：

(1) 定义三个普通变量 a、b、c 和三个指针变量 p1、p2、p3，让 p1 指向 a，p2 指向 b，p3 指向 c。

(2) 如果*p1 小于*p2，则交换它们各自的内容。

(3) 如果*p2 小于*p3，则交换它们各自的内容。

(4) 如果*p1 小于*p2，则交换它们各自的内容。

(5) 输出变量 a、b、c。

【8-4-2】通过键盘输入包含 5 个元素的数组。利用指针找到其中最大的元素，并与第一个元素交换；然后再次利用指针找到其中最小的元素，并与最后一个元素交换；最后输出数组的内容。

算法提示：

(1) 定义数组和指向该数组的指针，并通过键盘输入数组元素。

(2) 结合使用循环语句和指针找到数组中最大的元素，并把下标保存到变量中。

(3) 将数组中最大的元素与第一个元素交换。

(4) 结合使用循环语句和指针找到数组中最小的元素，并把下标保存到变量中。

(5) 将数组中最小的元素与最后一个元素交换。

(6) 输出数组的内容。

【8-4-3】定义长度为 6 的一维数组，数组元素可通过键盘获取；然后定义两个指针变量，利用指针变量找出数组中最大的元素，并将下标输出。

算法提示：

(1) 定义一个整型数组。

(2) 定义两个指针变量，它们都指向这个整型数组的首地址：其中一个指向最大的元素，另一个用于循环控制。

(3) 输出这个整型数组中最大的元素及对应的下标。

实验 9　结构体、共用体和枚举

一、实验目的

- 掌握结构体变量的定义和应用。
- 掌握结构体数组的概念和应用。
- 掌握使用结构体指针传递结构体数据的方法。
- 掌握共用体的概念和应用。
- 掌握枚举变量的定义和应用。

二、实验内容

1. 基础练习

【9-1-1】阅读下列程序，写出预期结果，并上机检验，练习结构体变量的定义和结构体元素的引用。

```c
#include <stdio.h>
#include <string.h>
typedef struct Student{
  char name[30];
  int id;
  int gender;
  int age;
}Stu;
int main()
{
  Stu stu1 = {"Li",1003,1,25};
  printf("原始数据：%s %d %d %d \n",stu1.name,stu1.id,stu1.gender,stu1.age);
  strcpy(stu1.name,"Yang");
  stu1.id = 1102;
  stu1.gender = 0;
  stu1.age = 35;
  printf("修改后的数据：%s %d %d %d \n",stu1.name,stu1.id,stu1.gender,stu1.age);
  return 0;
}
```

程序运行结果：_____

【9-1-2】阅读下列程序，写出预期结果，并上机检验，练习结构体数组的使用。

```c
#include <stdio.h>
#include <string.h>
typedef struct Student{
  char name[30];
  int id;
  int gender;
  int age;
}Stu;
int main()
{
  int i=0;
  Stu stu[3] = { {"Zhang",1001,1,22},{"Wang",1002,0,21},{"Li",1003,1,23} };
  printf("原始数据：\n");
  for(i=0;i<3;i++)
  {
    printf("%s %d %d %d\n",stu[i].name,stu[i].id,stu[i].gender,stu[i].age);
  }
  printf("\n");
  strcpy(stu[2].name,"Yang");
  stu[2].id = 1006;
  stu[2].gender = 0;
```

```
    stu[2].age = 35;
    printf("修改后的数据：\n");
    for(i=0;i<3;i++)
    {
        printf("%s %d %d %d\n",stu[i].name,stu[i].id,stu[i].gender,stu[i].age);
    }
    return 0;
}
```

程序运行结果：_____

【9-1-3】阅读下列程序，写出预期结果，并上机检验，练习指向结构体的指针的使用。

```
#include <stdio.h>
#include <string.h>
typedef struct Student{
    char name[30];
    int id;
    int gender;
    int age;
}Stu;
int main()
{
    Stu stu;
    Stu *p;
    p = &stu;
    strcpy(stu.name,"Yang");
    stu.id = 003;
    p->gender = 1;
    p->age = 35;
    printf("普通输出： %s %d %d %d \n",stu.name,stu.id,stu.gender,stu.age);
    printf("指针输出： %s %d %d %d \n",p->name,p->id,p->gender,p->age);
    return 0;
}
```

程序运行结果：_____

【9-1-4】阅读下列程序，写出预期结果，并上机检验，练习指向结构体数组的指针的使用。

```
#include <stdio.h>
#include <string.h>
typedef struct Student{
    char name[30];
    int id;
    int gender;
    int age;
```

```c
}Stu;
int main()
{
    Stu stu[3];
    Stu *p;
    p = &stu[0];
    int i;
    for(i=0;i<3;i++)
    {
        strcpy(stu[i].name,"XiaoHua");
        stu[i].id = 003+i;
        (p+i)->gender = 1;
        (p+i)->age = 25+i;
    }
    for(i=0;i<3;i++)
    {
        printf("普通输出：%s %d %d %d \n",stu[i].name,stu[i].id,stu[i].gender,stu[i].age);
        printf("指针输出：%s %d %d %d \n",(p+i)->name,(p+i)->id,(p+i)->gender,(p+i)->age);
    }
    return 0;
}
```

程序运行结果：_____

【9-1-5】阅读下列程序，写出预期结果，并上机检验，练习使用结构体作为函数参数。

```c
#include <stdio.h>
#include <string.h>
struct Books
{
    char title[50];
    char author[50];
    char subject[100];
    int book_id;
};
void printBook( struct Books book );
int main()
{
    struct Books Book1;
    strcpy( Book1.title, "C Programming");
    strcpy( Book1.author, "Nuha Ali");
    strcpy( Book1.subject, "C Programming Tutorial");
    Book1.book_id = 6495407;

    printBook( Book1 );
```

```
    return 0;
}
void printBook( struct Books book )
{
    printf("Book title : %s\n Book author : %s\n Book subject : %s\n Book book_id : %d\n",book.title,book.author,
        book.subject,book.book_id);
}
```

程序运行结果：_____

【9-1-6】阅读下列程序，写出预期结果，并上机检验，体会结构体和共用体的区别。

```
#include <stdio.h>
union data{
    int n;
    char ch;
    short m;
};
int main()
{
    union data a;
    printf("%d, %d\n", sizeof(a), sizeof(union data) );
    a.n = 0x40;
    printf("%X, %c, %hX\n", a.n, a.ch, a.m);
    a.ch = '9';
    printf("%X, %c, %hX\n", a.n, a.ch, a.m);
    a.m = 0x2059;
    printf("%X, %c, %hX\n", a.n, a.ch, a.m);
    a.n = 0x3E25AD54;
    printf("%X, %c, %hX\n", a.n, a.ch, a.m);
    return 0;
}
```

[提示] 结构体和共用体的区别在于：结构体的各个成员会占用不同的内存空间，因而互不影响；而共用体的所有成员占用的是同一片内存空间，修改其中一个成员就会影响其他所有成员。

程序运行结果：_____

【9-1-7】阅读下列程序，写出预期结果，并上机检验，练习枚举的定义和使用。

```
#include <stdio.h>
int main()
{
    enum week{ Mon = 1, Tues, Wed, Thurs, Fri, Sat, Sun } day = Mon;
    printf("%d, %d, %d, %d, %d\n", sizeof(enum week), sizeof(day),sizeof(Mon), sizeof(Wed), sizeof(int) );
    return 0;
}
```

程序运行结果：_____

【9-1-8】阅读下列程序，写出预期结果，并上机检验，练习枚举的定义和使用。

```c
#include <stdio.h>
#include <stdlib.h>
enum {Q,W,E=4,R}day;
int main()
{
    printf("枚举的值分别是： %d,%d,%d,%d\n",Q,W,E,R);
    return 0;
}
```

程序运行结果：_____

【9-1-9】阅读下列程序，写出预期结果，并上机检验，注意枚举必须连续才可以实现有条件的遍历。

```c
#include <stdio.h>
enum DAY
{
    MON=1, TUE, WED, THU, FRI, SAT, SUN
} weekend;
int main()
{
    weekend=MON;
    printf("day is %d\n",weekend);
    while(weekend<=SUN)
    {
        printf("枚举元素： %d \n",weekend);
        weekend=(enum DAY)(weekend+1); // 在枚举连续的情况下，遍历时需要进行类型转换
    }
    return 0;
}
```

程序运行结果：_____

2. 程序填空

【9-2-1】下列程序将要实现的功能为：计算全班学生的总成绩、平均成绩以及总分在 140 分以下的学生人数。请在空白处填入适当的语句，并上机检验。

```c
#include <stdio.h>
#include <stdio.h>
struct stu{
    ___①___ ;    //姓名
    int num;     //学号
    int age;     //年龄
```

```
    char group;     //所在小组
    float score;    //成绩
}stus[] = {
    {"Li ping", 5, 18, 'C', 145.0},
    {"Zhang ping", 4, 19, 'A', 130.5},
    {"He fang", 1, 18, 'A', 148.5},
    {"Cheng ling", 2, 17, 'F', 139.0},
    {"Wang ming", 3, 17, 'B', 144.5}
    ___②___
void average(___③___, int len);
int main()
{
    int len = sizeof(stus) / ___④___;
    average(stus, len);
    return 0;
}
void average(struct stu *ps, int len){
    int i, num_140 = 0;
    float average, sum = 0;
    for(i=0; ___⑤___; i++){
        sum += ___⑥___;
        if(___⑦___) num_140++;
    }
    printf(" sum=%.2f\n average=%.2f\n num_140=%d\n", sum, sum/len, num_140);
}
```

【9-2-2】下列程序将要实现的功能为：判断用户输入的是星期几。例如，如果输入 4，那么输出结果为 Thursday。请在空白处填入适当的语句，并上机检验。

```
#include <stdio.h>
int main()
{
    enum week{ Mon = 1, Tues, Wed, Thurs, Fri, Sat, Sun } day;
    scanf("%d", ___①___);
    switch(___②___){
        case Mon: puts("Monday"); break;
        case Tues: puts("Tuesday"); break;
        ___③___: puts("Wednesday"); break;
        case Thurs: puts("Thursday"); break;
        case Fri: puts("Friday"); break;
        case Sat: puts("Saturday"); break;
        case Sun: puts("Sunday"); break;
        default: puts("Error!");
    }
```

```
    return 0;
}
```

3. 程序改错

【9-3-1】下列程序将要实现功能的如下：使用结构体变量将两个复数相加。形如 a+bi(a 和 b 均为实数)的数称为复数，其中的 a 称为实部，b 称为虚部，i 称为虚数单位。例如，如果输入的第一个复数为 1.3+3.7i、第二个复数为 2.4+6i，那么输出结果为 3.7+9.7i。目前程序中有 4 处错误，请改正错误，使程序运行结果正确，并上机检验。

```c
#include<stdio.h>
typedef struct complex
{
    float real;
    float imag;
} complex
add(complex n1,complex n2);
int main()
{
    complex n1, n2, temp;

    printf("第一个复数 \n");
    printf("输入实部和虚部：\n");
    scanf("%f %f", &n1.real, &n1.imag);

    printf("\n 第二个复数 \n");
    printf("输入实部和虚部： \n");
    scanf("%f %f", n2.real, n2.imag);

    temp = add(n1, n2);
    printf("Sum = %.1f + %.1fi", temp.real, temp.imag);
    return 0;
}
complex add(complex n1, complex n2)
{
    complex temp;
    temp.real = n1.real + n2.real;
    temp.imag = n1.imag + n2.imag;
}
```

【9-3-2】下列程序将要实现的功能如下：使用结构体指针输出图书信息。目前程序中有 4 处错误，请改正错误，使程序运行结果正确，并上机检验。

```c
#include <stdio.h>
#include <string.h>
struct Books
{
    char title[50];
    char author[50];
    char subject[100];
    int book_id;
};
void printBook( struct Books book );
int main()
{
    Books Book1;

    strcpy( Book1.title, "C Programming");
    strcpy( Book1.author, "Nuha Ali");
    strcpy( Book1.subject, "C Programming Tutorial");
    Book1.book_id = 6495407;
    printBook( Book1 );
    return 0;
}
void printBook( struct Books *book )
{
    printf("Book title : %s\n Book author : %s\n Book subject : %s\n Book book_id : %d\n",book.title,book.author,
        book.subject,book.book_id);
}
```

4. 程序设计

【9-4-1】使用结构体变量表示平面上的点(横坐标和纵坐标)。输入两个点，求这两个点之间的距离以及中点坐标。

算法提示：

(1) 输入形式——输入两行，每行有两个浮点数，它们之间用空格隔开，分别用来表示点的 x 坐标和 y 坐标。

(2) 输出形式——输出两行，第一行为这两个点的中点坐标，坐标值之间用逗号隔开；第二行为这两个点之间的距离(结果保留 3 位小数)。

【9-4-2】使用结构体变量表示日期(年、月、日)，任意输入两个日期，求它们之间相差的天数。

算法提示：

(1) 输入形式——2017-4-9---2017-2-5。

(2) 输出形式——There are 63 days between 2017-4-9 and 2017-2-5。

【9-4-3】通过键盘输入 5 名学生的信息，包括学号、姓名、数学成绩、英语成绩、C 语言成绩，求每一名学生 3 门课程的总分，分别输出总分最高和最低的学生的学号、姓名和总分。

算法提示：

(1) 输入形式——输入 5 行，每行包含的信息分别是学号、姓名、数学成绩、英语成绩、C 语言成绩。

(2) 输出形式——第一行输出 max:。换行后输出总分最高的学生的信息，包括学号、姓名和总分(输出所有得了最高分的学生的信息)。换行，输出 min:。继续换行，输出总分最低的学生的信息，包括学号、姓名和总分(输出所有得了最低分的学生的信息)。总分保留 1 位小数。

【9-4-4】已知一个无符号整数将占用 4 字节的内存空间，现在要从低位存储地址开始，将其中的每一字节作为独立的 ASCII 字符输出。请尝试使用共用体来实现。例如，如果输入十六进制数 0x7A797877，则输出 WXYZ。

【9-4-5】现有一张关于学生信息和教师信息的表格。学生信息包括学生的姓名(Name)、编号(Num)、性别(Sex)、职业(Profession)、分数(Score)，教师信息包括教师的姓名、编号、性别、职业、教学科目(Course)。

Name	Num	Sex	Profession	Score/Course
WangXiao	301	f	s	81.2
LiWeiMin	701	m	t	Math
YangZhenTao	509	f	t	English
FangFeiYan	282	m	s	90.4

在上面的表格中，f 和 m 分别表示女性和男性，s 表示学生，t 表示教师。从中可以看出，学生和教师的数据信息是不同的。编写程序，通过键盘输入人员信息，然后将它们以表格形式输出。

算法提示：

如果把每个人的信息都看作结构体变量的话，那么教师和学生的前 4 个成员变量是一样的，第 5 个成员变量可能是 Score 或 Course。当第 4 个成员变量的值是 s 时，第 5 个成员变量就是 Score；当第 4 个成员变量的值是 t 时，第 5 个成员变量就是 Course。经过上面的分析，我们可以通过设计包含共用体的结构体来完成任务。

[提示] 共用体的所有成员共享同一片内存空间，共用体变量在某一时刻起作用的成员是最后一次被赋值的那个成员。

输入样例：

Input info: WangXiao 301 f s 81.2

Input info: LiWeiMin 701 m t Math

Input info: YangZhenTao 509 f t English

Input info: FangFeiYan 282 m s 90.4

输出样例：

Name	Num	Sex	Profession	Score/Course
WangXiao	301	f	s	81.2
LiWeiMin	701	m	t	Math
YangZhenTao	509	f	t	English
FangFeiYan	282	m	s	90.4

实验 10 文 件

一、实验目的

- 掌握文件和文件指针的概念以及文件类型指针的定义方法。
- 掌握与文件的打开、关闭、读写等有关的文件操作函数。
- 掌握与文件指针有关的文件定位函数。

二、实验内容

1. 基础练习

【10-1-1】阅读下列程序，写出预期结果，并上机检验，练习文件的打开与关闭。

[提示] 在运行程序之前，请打开 D 盘根目录，查看 demo.txt 文件是否存在。如果不存在，请直接运行程序，之后创建 demo.txt 文件并再次运行程序，比较运行结果有何区别。

```c
#include <stdio.h>
#include <stdlib.h>
int main()
{
    FILE *fp;
    if ( ( fp = fopen("d:\\demo.txt", "rt")) == NULL )
    {
        printf("文件打开错误!");
        exit(0);
    }
    else
    {
        printf("文件打开成功!");
        fprintf(fp,"I can new a file and write this to demo.txt");
        fclose(fp);
    }
    return 0;
}
```

程序运行结果：_____

【10-1-2】阅读下列程序，写出预期结果，并上机检验，练习以只读方式打开文件并使用字符读取函数 fgetc 读取文件的内容。

[提示] 在运行程序之前，请在 D 盘根目录下创建 demo.txt 文件，输入任意内容并保存，然后运行程序。运行完程序之后，不用删除 demo.txt 文件，因为后续练习还会用到这个文件。

```
#include <stdio.h>
#include <stdlib.h>
int main()
{
    FILE *fp;
    char ch;

    if( (fp=fopen("d:\\demo.txt","rt")) == NULL )
    {
        puts("Fail to open file!");
        exit(0);
    }

    while( (ch=fgetc(fp)) != EOF )
    {
        putchar(ch);
    }
    putchar('\n');
    fclose(fp);
    return 0;
}
```

程序运行结果：_____

【10-1-3】阅读下列程序，写出预期结果，并上机检验，练习以追加方式打开文件并在文件的末尾写入字符。

```
#include <stdio.h>
#include <stdlib.h>
int main()
{
    FILE *fp;
    char ch;

    if( (fp=fopen("d:\\demo.txt","a+")) == NULL )
    {
        puts("Fail to open file!");
        exit(0);
    }
    printf("Input a string:\n");

    while ( (ch=getchar()) != '\n' )
    {
        fputc(ch,fp);
    }
```

```
    fclose(fp);
    return 0;
}
```

程序运行结果：_____

【10-1-4】阅读下列程序，写出预期结果，并上机检验，练习使用 fgets 函数读取字符串的内容。

```
#include <stdio.h>
#include <stdlib.h>
#define N 100
int main()
{
    FILE *fp;
    char str[N + 1];
    if( (fp = fopen("d:\\demo.txt", "rt")) == NULL )
    {
        puts("Fail to open file!");
        exit(0);
    }
    while( fgets(str, N, fp) != NULL )
    {
        printf("%s", str);
    }

    fclose(fp);
    return 0;
}
```

程序运行结果：_____

【10-1-5】阅读下列程序，写出预期结果，并上机检验，练习使用 fputs 函数写入字符串。

```
#include <stdio.h>
#include <stdlib.h>
#include <string.h>
int main()
{
    FILE *fp;
    char str[102] = {0}, strTemp[100];
    if( (fp=fopen("d:\\demo.txt", "at+")) == NULL )
    {
        puts("Fail to open file!");
        exit(0);
    }
```

```c
    printf("Input a string:");
    gets(strTemp);
    strcat(str, "\n");
    strcat(str, strTemp);
    if(fputs(str, fp)==EOF )
    {
        puts("写入失败");
    }
    else
    {
        puts("写入成功");
    }
    fclose(fp);
    return 0;
}
```

程序运行结果：_____

【10-1-6】阅读下列程序，写出预期结果，并上机检验，练习以数据块的形式读写文件。

```c
#include <stdio.h>
#include <stdlib.h>
#define N 5
int main()
{
    int a[N], b[N];
    int i, size = sizeof(int);
    FILE *fp;
    if( (fp=fopen("d:\\demo.txt", "rb+")) == NULL )
    {
        puts("Fail to open file!");
        exit(0);
    }
    puts("请输入 5 个整数，用空格做间隔符：\n");
    for(i=0; i<N; i++)
    {
        scanf("%d", &a[i]);
    }
    fwrite(a, size, N, fp);
    rewind(fp);
    fread(b, size, N, fp);
    for(i=0; i<N; i++)
    {
        printf("%d ", b[i]);
    }
```

```c
    printf("\n");
    fclose(fp);
    return 0;
}
```

程序运行结果：_____

【10-1-7】阅读下列程序，写出预期结果，并上机检验，练习使用 fscanf 和 fprintf 函数格式化读写文件。

```c
#include <stdio.h>
#include <stdlib.h>
#define N 2
struct stu{
    char name[10];
    int num;
    int age;
    float score;
} boya[N], boyb[N], *pa, *pb;

int main()
{
    FILE *fp;
    int i;
    pa=boya;
    pb=boyb;
    if( (fp=fopen("d:\\demo.txt","wt+")) == NULL )
    {
        puts("Fail to open file!");
        exit(0);
    }
    //从键盘读入数据，保存到数组 boya 中
    printf("输入两组数据\n");
    printf("姓名,学号,年龄,分数： \n");
    for(i=0; i<N; i++,pa++)
    {
        scanf("%s,%d,%d,%f", pa->name, &pa->num, &pa->age, &pa->score);
    }
    pa = boya;
    for(i=0; i<N; i++,pa++)
    {
        fprintf(fp,"%s %d %d %f\n", pa->name, pa->num, pa->age, pa->score); // 将数组 boya 中的数据写入文件
    }
    rewind(fp);   // 重置文件指针
    for(i=0; i<N; i++,pb++)
```

```
    {
        fscanf(fp, "%s %d %d %.1f\n", pb->name, &pb->num, &pb->age, &pb->score); //从文件中读取数据，保存
                                                                                 //到数组boyb中
    }
    pb=boyb;
    //将数组boyb中的数据输出到屏幕上
    for(i=0; i<N; i++,pb++)
    {
        printf("%s,%d,%d,%.1f\n", pb->name, pb->num, pb->age, pb->score);
    }
    fclose(fp);    // 操作结束后关闭文件
    return 0;
}
```

程序运行后，输入以下数据：

Tom,2,15,70.5
Jone,1,14,89

程序运行结果为_____

【10-1-8】阅读下列程序，写出预期结果，并上机检验，练习文件定位函数 rewind 和 fseek。

```
#include <stdio.h>
#include <stdlib.h>
#define N 3
struct stu{
    char name[10];   //姓名
    int num;         //学号
    int age;         //年龄
    float score;     //成绩
}boys[N], boy, *pboys;

int main()
{
    FILE *fp;
    int i;
    pboys = boys;
    if( (fp=fopen("d:\\demo.txt", "wb+")) == NULL )
    {
        printf("Cannot open file, press any key to exit!\n");
        exit(0);
    }
    printf("输入三组数据：\n");
    printf("姓名,学号,年龄,分数：\n");
```

```
for(i=0; i<N; i++,pboys++)
{
    scanf("%s,%d,%d,%f", pboys->name, &pboys->num, &pboys->age, &pboys->score);//使用指向结构体的指针
                                                                                //来访问结构体成员
}
fwrite(boys, sizeof(struct stu), N, fp);    // 写入三条学生信息
fseek(fp, sizeof(struct stu), SEEK_SET);    // 移动位置指针
fread(&boy, sizeof(struct stu), 1, fp);     // 读取一条学生信息
printf("%s    %d    %d %.1f\n", boy.name, boy.num, boy.age, boy.score); // 在屏幕上输出第二条学生信息
fclose(fp);
return 0;
}
```

程序运行后，输入以下三组数据：

```
Tom,2,15,70.5
Jone,1,14,89
Mike,10,16,95.5
```

程序运行结果为_____

2. 程序填空

【10-2-1】 下列程序将要实现的功能为：逐个字符地读取 D 盘根目录下的 demo.txt 文件的内容，并显示到屏幕上。若读取出错，则显示"读取出错"，否则显示"读取成功"。这里主要练习的是 feof 和 ferror 函数的使用。请在空白处填入适当的语句，并上机检验。

```
#include <stdio.h>
#include <stdlib.h>
int main()
{
    FILE *fp;
    char ch;
    //如果文件不存在，就给出提示并退出
    if( (fp=fopen("d:\\demo.txt","rt"))____①____ ) // 判断文件是否打开失败
    {
        puts("Fail to open file!");
        ____②____;  //退出程序(结束程序)
    }
    //每次读取 1 字节，直到读取完毕
    while(____③____)    // 使用 feof 函数判断文件内部的位置指针是否指向文件的末尾
    {
        printf("%c",____④____);// 输出读取的字符
    }
```

```
    putchar('\n');              //输出换行符
    if(_____⑤_____)           //使用 ferror 函数判断文件操作是否出错
    {
       puts("读取出错");
    }
    else
    {
       puts("读取成功");
    }
    _____⑥_____;              //操作结束后关闭文件
    return 0;
}
```

【10-2-2】下列程序将要实现的功能为：使用 C 语言实现文件的复制——将指定的 D 盘根目录下的 01.mp3 文件复制到文件夹 02 中，练习以数据块的形式读写文件。请在空白处填入适当的语句，并上机检验。

[提示] 在运行程序之前，请在 D 盘根目录下创建 01.mp3 文件以及名为 02 的文件夹。

```c
#include <stdio.h>
#include <stdlib.h>
int main()
{
    FILE *fpIn;      // 分别定义两个指针，一个读文件，另一个写文件
    FILE *fpOut;

    if( fpIn = fopen("d:\\01.mp3","____①____") ) == NULL)    // 按字节读取文件
    {
       printf("文件打开失败。\n");
       exit(0);
    }
    else
    {
       printf("文件打开成功。\n");
    }

    if( fpOut = fopen("d:\\02\\02.mp3","____②____") ) == NULL)    // 按字节写入文件
    {
       printf("文件打开错误。\n");
       exit(0);
    }
    else
    {
       printf("文件打开成功。\n");
```

```
}
    unsigned char buf[1024];      // 定义 buf 数组
    int rc;                       // 使用 rc 记录每一次向 buf 中写入多少数据

    /*使用 fread 函数从 fpIn 中读取数据，最多读取 1024 字节，然后返回此次向 buf 中写入了多少数据。rc
    为 0 时表示文件已读完 */
    while( (rc = _____③_____ ) != 0 )  //使用 fwrite 函数向 fpOut 中写入 buf 中的数据，具体写入多少由 rc 决定
    {
        _____④_____ ;
    }
    fclose(fpIn);    // 关闭两个文件
    fclose(fpOut);
    printf("\n");
    return 0;
}
```

3. 程序改错

【10-3-1】下列程序将实现如下功能：假设文件 D:\demo.txt 中已经存放了一组整数：7 6 5 -4 -1 0 7，计算并输出正整数之和、负整数之和以及 0 的个数。目前程序中有 6 处错误，请改正错误，使程序运行结果正确，并上机检验，练习格式化读写函数。

[提示] 在运行程序之前，请在 D 盘根目录下创建 demo.txt 文件并写入如下整数：7 6 5 -4 -1 0 7。

```
#include <stdio.h>
#include <stdlib.h>
int main()
{
    FILE *fp;
    int p=0,n=0,z=0,temp;
    if((fp=fopen("d:\\demo.txt","r"))!=NULL)
    {
        printf("Cannot open this file.\n");
        exit();
    }
    else
    {
        f(fp,"%d",&temp);
        while(feof(fp))
        {
            if(temp>0) p+=temp;
            else if (temp<0) n+=temp;
            else z+=1;
```

```
        scanf(fp,"%d",&temp);
    }
    printf("正整数之和：%d\n 负整数之和：%d\n 0 的个数：%d\n",p,n,z);
  }
  return 0;
}
```

【10-3-2】下列程序将实现如下功能：通过键盘输入 10 个浮点数，将它们以二进制形式存入文件 demo.dat 中，然后从中读出这些数据并显示到屏幕上。目前程序中有 6 处错误，请改正错误，使程序运行结果正确，并上机检验，练习二进制文件读写函数。

```
#include <stdio.h>
#include<stdlib.h>
int main()
{
  FILE *fp;
  int i;
  double a[10],b[10];
  if((fp=fopen("D:\demo.dat","rt"))==NULL)
  {
    printf("file can not open!\n");
    exit(0);
  }
  for(i=0;i<10;i++)
    scanf("%lf",a[i]);
  for(i=0;i<10;i++)
    fwrite(a,fp);
  printf("\n");

  fread(b,fp);
  for(i=0;i<10;i++)
    printf("%.1f\n",b);
  fclose(fp);
  return 0;
}
```

4. 程序设计

【10-4-1】假设 D:\address.txt 文件中已包含 3 位联系人的信息，编写程序，通过键盘输入一位联系人的信息：序号为 4，姓名为小韩，性别为女，电话号码为 13145327766。把这位联系人的信息添加到 address.txt 文件中，然后从中读出全部内容，并显示到屏幕上。address.txt 文件中原有的内容如下：

序号	姓名	性别	电话号码
1	小李	男	13991192345
2	小张	男	18734258899
3	小王	女	13098762213

算法提示：

输入形式——按"序号 姓名 性别 电话号码"的格式输入，以空格作为分隔符。

输入样例——4 小韩 女 13088451234。

输出样例如下。

1 小李 男 13991192999
2 小王 男 18726256677
3 小张 女 13189212233
4 小韩 女 13088451234

【10-4-2】假设文本文件 D:\demo01.txt 中包含若干字符。编写程序，将 demo01.txt 中的内容复制到 D:\demo02.txt 中，并统计字母、数字和其他字符的个数，显示到屏幕上，然后将统计结果写到 demo02.txt 文件的最后。

算法提示：

(1) 假设 demo01.txt 文件中的内容为 "hello 3,5 Shanxi 1,2,Xian?"。

(2) 运行结束后，demo02.txt 文件中的内容如下。

```
hello 3,5 Shanxi 1,2,Xian?
letter=15,digit=4,others=8
```

【10-4-3】某班级只有 5 名学生，并且开设了 3 门课程，通过键盘输入以下数据：学号、姓名以及 3 门课的成绩。计算平均成绩，将原有数据和计算出的平均成绩存放于 D:\report 文件中，然后读出 report 文件中的内容，将它们显示到屏幕上。

算法提示：

(1) 输入形式——依次输入学号、姓名以及 3 门课的成绩，以空格作为分隔符(学号、姓名均不超过 20 字节)，3 门课的成绩为 float 型数据，例如 "001 张华 70.5 90 86.5"。

(2) 输出形式——每行输出一名学生的信息，包括学号、姓名、3 门课的成绩以及平均成绩，之间用空格隔开，所有成绩均保留 1 位小数，例如 "001 张华 70.5 90.0 86.5 82.3"。

(3) 请以二进制形式存储 report 文件。

第 II 部分
算法实践与模拟训练

本部分参考全国计算机等级考试二级 C 语言考试真题和全国"蓝桥杯"软件大赛真题编写而成，读者可在系统地练习完基础知识之后进行算法实践与提高练习，所有题目的参考答案及解析请查阅第 IV 部分。参加全国计算机等级考试二级 C 语言考试或"蓝桥杯"软件大赛的读者，推荐参考此部分内容进行演练。

模拟训练 1

一、程序填空

在以下给定的程序中，fun 函数的作用是：统计整型变量 m 中数字 0~9 出现的次数，并存放到数组 a 中。其中：a[0]存放 0 出现的次数，a[1]存放 1 出现的次数，…，a[9]存放 9 出现的次数。

例如，如果 m 为 13576233，那么输出结果应为 "0,1,1,3,0,1,1,1,0,0。"

[注意] 不得增加或删除行，也不得更改程序的结构！

```
#include<stdio.h>
void fun( int m,   int a[10])
{
    int i;
    for (i=0; i<10; i++)
        ___①___ = 0;
    while (m > 0)
    {
        i = ___②___ ;
        a[i]++;
        m = ___③___ ;
    }
}
void main()
{
```

```
   int m, a[10], i;
   printf("请输入一个整数：");    scanf("%d", &m);
   fun(m, a);
   for (i=0; i<10; i++)    printf("%d,",a[i]);   printf("\n");
}
```

二、程序改错

在以下给定的程序中，fun 函数的功能是：统计 a 所指字符串中的每个字符在这个字符串中出现的次数(统计时不区分大小写)，并将出现次数最多的字符输出(如果有多个字符出现的次数并列最多，输出其中一个即可)。

例如，如果输入的字符串是 sdfeFfF，那么对应的输出为 f。

请改正 fun 函数中指定位置的错误，使程序运行结果正确。

[注意] 不要改动 main 函数，不得增加或删除行，也不得更改程序的结构。

```
#include<stdio.h>
#include<string.h>
void fun(char a[])
{
   int b[26], i, n, max;
   for (i=0; i<26; i++)
/**********①**********/
       a[i] = 0;
   n= strlen(a);
   for (i=0; i<n; i++)
       if (a[i] >='a' && a[i]<='z')
/**********②**********/
           b[a[i] - 'A']++;
       else if (a[i] >='A' && a[i]<='Z')
           b[a[i] -'A']++;
   max = 0;
   for (i=1; i<26; i++)
/**********③**********/
       if (b[max] > b[i])
           max=i;
   printf("出现次数最多的字符是：%c\n", max + 'a');
}
void main()
{
   char a[200];
   printf("请输入一个待统计的字符串：");   scanf("%s", a);
   fun(a);
}
```

三、程序设计

编写 fun 函数，功能如下：从一组得分中去掉最高分和最低分，然后求平均分并返回。形参 a 指向存放得分的数组，而形参 n 存放的是有多少个不同的得分(n>2)。例如，如果输入 10 个得分——9.8 9.6 9.2 9.1 9.3 9.3 9.5 9.8 9.8 9.7，那么输出结果为 9.525000。

[注意] 不要改动 main 函数和其他函数中的任何内容，而仅在 fun 函数的花括号内填入需要编写的语句。

```
#include <stdio.h>
double fun(double a[ ], int n)
{
    //请在此处填入需要编写的语句
}
void main()
{
    double b[10], r;   int i;
    printf("输入 10 个得分，存放到数组 b 中：");
    for (i=0; i<10; i++)    scanf("%lf",&b[i]);
    printf("输入的 10 个得分如下：");
    for (i=0; i<10; i++)    printf("%4.1lf ",b[i]);    printf("\n");
    r = fun(b, 10);
    printf("去掉最高分和最低分后的平均分：%f\n", r );
}
```

四、算法进阶实践

学生 A、B、C、D、E 有可能参加计算机竞赛，根据下列条件判断哪些人参加了竞赛：
(1) A 参加时，B 也参加。
(2) B 和 C 中只有一人参加。
(3) C 和 D 要么都参加，要么都不参加。
(4) D 和 E 中至少有一人参加。
(5) 如果 E 参加，那么 A 和 D 也都参加。

模拟训练 2

一、程序填空

在以下给定的程序中，fun 函数的功能是：根据形参 i 的值返回某个函数的值。当调用正确时，输出如下：x1＝2.000000，x2＝3.000000，x1*x1+x1*x2=10.000000。

[注意] 不得增加或删除行，也不得更改程序的结构！

```
#include<stdio.h>
double f1(double x)
{   return x*x;   }
     ①      f2(double x, double y)
{   return   x*y;   }
double fun(int i, double x, double y)
{ if(i==1)
      return    ②   (x);
    else
      return    ③   (x, y);
}
main()
{
   double x1=5, x2=3, r;
   r = fun(1, x1, x2);
   r += fun(2, x1, x2);
   printf("\nx1=%f, x2=%f, x1*x1+x1*x2=%f\n\n",x1, x2, r);
}
```

二、程序改错

在以下给定的程序中，fun 函数的功能是：统计 s 所指一维数组中 0 的个数(存放在变量 zero 中)以及 1 的个数(存放在变量 one 中)，然后输出结果。

请改正 fun 函数中指定位置的错误，使程序运行结果正确。

[注意] 不要改动 main 函数，不得增加或删除行，也不得更改程序的结构。

```
#include<stdio.h>
void fun( int *s, int n )
{
   /**********①**********/
   int i, one=0, zero ;
   for(i=0; i<n; i++)
   /**********②**********/
       switch( s[i] );
       {
   /**********③**********/
          case 0 : zero++;
          case 1 : one ++;
       }
   printf( "one : %d zero : %d\n", one, zero);
}
void main()
{
```

```
    int a[20]={1,1,1,0,1,0,0,0,1,0,0,1,1,0,0,1,0,1,0,0}, n=20;
    fun(a, n);
}
```

三、程序设计

编写 fun 函数，功能如下：将形参 s 所指字符串存放到形参 a 所指的字符数组中。要求不得使用系统提供的字符串函数。

[注意] 不要改动 main 函数和其他函数中的任何内容，而仅在 fun 函数中指定的位置填入需要编写的语句。

```
#include<stdio.h>
#include <string.h>
void fun(char *s, char *a)
{
    //请在此处填入需要编写的语句
}
void main()
{
    char s[10], a[10]={'\0'};
    long r;
    printf("请输入一个长度不超过 9 个字符的数字字符串：");   gets(s);
    fun(s,a);
    puts(a);
}
```

四、算法进阶实践

某人从某年开始，每年都举办一次生日派对，并且每次都要吹灭根数与年龄相同的蜡烛。算起来，到现在他一共吹灭了 236 根蜡烛。请问，他是从多少岁开始举办生日派对的？

模拟训练 3

一、程序填空

在以下给定的程序中，fun 函数的功能是：找出形参 s 所指字符串中出现频率最高的字符(不区分大小写)，并统计具体出现的次数。

例如，如果形参 s 所指的字符串为 abcAbsmaxless，那么程序运行后的输出结果如下

letter'a':3times
letter's':3times

[注意] 不得增加或删除行，也不得更改程序的结构！

```c
#include<stdio.h>
#include<string.h>
#include<ctype.h>
void fun(char *s)
{
    int k[26]={0},n,i,max=0;    char ch;
    while(*s)
    {
        if( isalpha(*s) )
        {
            ch=tolower(   ①   );
            n=ch-'a';
            k[n]+=   ②   ;
        }
        s++;
        if(max<k[n]) max=   ③   ;
    }
    printf("\nAfter count :\n");
    for(i=0; i<26;i++)
        if (k[i]==max) printf("\nletter \'%c\' : %d times\n",i+'a',k[i]);
}
main()
{
    char s[81];
    printf("\nEnter a string:\n\n");    gets(s);
    fun(s);
}
```

二、程序改错

在以下给定的程序中，fun 函数的功能是删除 b 所指数组中小于 10 的数据，然后在 main 函数中输出 b 数组中余下的数据。请改正 fun 函数中指定位置的错误，使程序运行结果正确。

[注意] 不要改动 main 函数，不得增加或删除行，也不得更改程序的结构。

```c
#include<stdio.h>
#include<stdlib.h>
#define N 20
int fun( int *b )
{
    /**********①**********/
    int t[N] ,i, num
```

```
        for(i=0; i<N; i++)
            if(b[i]>=10)
/**********②**********/
                t[++num]=b[i];
/**********③**********/
        for(i=0; i<num; i++)
            b[i]=t[i];
        return( num );
}
void main()
{
    int   a[N],i,num;
    printf("数组 a 中的数据: \n");
    for(i=0;i<N ;i++) {a[i]=rand()%21; printf("%4d",a[i]);}
        printf("\n");
    num=fun(a);
    for(i=0;i<num ;i++) printf("%4d",a[i]);
        printf("\n");
}
```

三、程序设计

编写 fun 函数，功能如下：统计 s 所指字符串中数字字符的个数，并作为函数值返回。例如，如果 s 所指字符串的内容为 fsd468kj2n,ty;45，那么 fun 函数的返回值为 6。

[注意] 不要改动 main 函数和其他函数中的任何内容，而仅在 fun 函数的花括号内填入需要编写的语句。

```
#include<stdio.h>
int fun(char *s)
{
    //请在此处填入所需编写的语句
}
void main()
{
    char *s="2def35adh253kjsdf 7/kj8655x";
    printf("%s\n",s);
    printf("%d\n",fun(s));
}
```

四、算法进阶实践

有一堆煤球，每一层均堆成三角形(第一层除外)，从而堆成三棱锥。第一层放 1 个煤球，第二层 3 个煤球(排成三角形)，第三层放 6 个煤球(排成三角形)，第四层放 10 个煤球(排成三角形），以此类推。如果一共有 100 层，那么总共有多少个煤球？

模拟训练 4

一、程序填空

在以下给定的程序中，fun 函数的功能是：将形参 s 所指字符串中的数字字符转换成对应的数值，并将计算出的这些数值的累加和作为函数的返回值。例如，如果形参 s 所指的字符串为 jhg343hgj，那么程序执行后输出的结果为 10。

[注意] 不要改动 main 函数，不得增加或删除行，也不得更改程序的结构！

```
#include<stdio.h>
#include<string.h>
#include<ctype.h>
int fun(char *s)
{
  int sum=0;
  while(*s)
  {
    if( isdigit(*s) )   sum+= *s-___①___;
        ___②___;
  }
  return  ___③___;
}
main()
{
  char s[100]; int n;
  printf("\nEnter a string:\n\n");   gets(s);
  n=fun(s);
  printf("\nThe result is: %d\n\n",n);
}
```

二、程序改错

在以下给定的程序中，fun 函数的功能是：计算并输出 k 以内 10 个最大的能被 13 或 17 整除的自然数之和。k 的值由 main 函数传入。例如，若 k 的值为 500，则 fun 函数的返回值为 4622。
请改正程序中的错误，使程序运行结果正确。

[注意] 不要改动 main 函数，不得增加或删除行，也不得更改程序的结构！

```
#include <stdio.h>
```

```
#include <stdlib.h>
int fun(int k)
{
    int m=0,mc=0, j;
    while((k>=2)&&(mc<10))
    {
    /*************①*************/
        if((k%13==0)||(k%17==0))
            { m=m+k;mc++;}
        k--;
    /*************②*************/

    return m;
}
void main()
{
    system("CLS");
    printf("%d\n ",fun(500));
}
```

三、程序设计

编写 fun 函数，功能如下：计算下列级数的和，并作为 fun 函数的返回值。
$S=1+x+x^2/2!+x^3/3!+\cdots+x^n/n!$
例如，当 $n=10$、$x=0.3$ 时，fun 函数的返回值为 1.349859。

[注意] 不要改动 main 函数和其他函数中的任何内容，而仅在 fun 函数的花括号内填入所需编写的语句。

```
#include<stdio.h>
#include<math.h>
double fun(double x, int n)
{
    //请在此处填入需要编写的语句
}
void main()
{
    FILE *wf;
    system("CLS");
    printf("%f",fun(0.3,10));
    /***************************/
    wf=fopen("out.dat","w");
    fprintf(wf,"%f",fun(0.3,10));
    fclose(wf);
```

```
/*********************/
}
```

四、算法进阶实践

有 N 个瓶子，编号为 1~N，将它们无序地排成一行。每次拿起两个瓶子，交换它们的位置，经过若干次交换后，使得瓶子的编号为 1 2 3 4 5…N。

例如，如果有 5 个瓶子，编号为 2 1 3 5 4，那么至少需要交换两次才可以按编号顺序复位。如果瓶子更多呢？请通过编程来解决。

输入格式为如下两行。

第一行：正整数 $N(N<10\,000)$，表示瓶子的数目。

第二行：N 个正整数，用空格分开，表示瓶子目前的排列情况。

例如，如果输入：

```
5
3 1 2 5 4
```

那么程序应该输出：

```
3
```

模拟训练 5

一、程序填空

在以下给定的程序中，fun 函数的功能是：计算形参 s 所指字符串中包含的单词个数，并作为 fun 函数的返回值。为便于统计，我们规定各单词之间用空格隔开。例如，如果形参 s 所指的字符串为 This is a C language program，那么 fun 函数的返回值为 6。

[注意] 不得增加或删除行，也不得更改程序的结构！

```c
#include<stdio.h>
int fun(char *s)
{
  int n=0, flag=0;
  while(*s!='\0')
  {
    if(*s!=' ' && flag==0)
    {
       ___①___ ; flag=1;
    }
```

```
      if (*s==' ')   flag=  ②   ;
          ③   ;
    }
    return n;
}
void main()
{
    char str[81]; int n;
    printf("\nEnter a line text:\n");   gets(str);
    n=fun(str);
    printf("\nThere are %d words in this text.\n\n",n);
}
```

二、程序改错

在以下给定的程序中，fun 函数的功能是：从 n 名学生的成绩中统计出低于平均分的学生人数，并作为 fun 函数的返回值，平均分则存放在形参 aver 所指的存储单元中。

例如，如果输入的 8 名学生的成绩分别为 80.5、60、72、90.5、98、51.5、88、64，那么低于平均分的学生人数为 4(平均分为 75.5625)。

请改正程序中的错误，使程序运行结果正确。

[注意] 不要改动 main 函数，不得增加或删除行，也不得更改程序的结构！

```
#include <stdlib.h>
#include <stdio.h>
#include <conio.h>
#define N 20
int fun(float *s, int n,float *aver)
{
    float ave ,t=0.0;
    int count=0,k,i;
    for(k=0;k<n;k++)
/**************①**************/
        t=s[k];
    ave=t/n;
    for(i=0;i<n;i++)
        if(s[i]<ave) count++;
/**************②**************/
    *aver=&ave;
    return count+1;
}
void main()
{
    float s[30],aver;
```

```
    int m,i;
    system("CLS");
    printf("\nPlease enter m: ");
    scanf("%d",&m);
    printf("\nPlease enter %d mark :\n",m);
    for(i=0;i<m;i++) scanf("%f",s+i);
    printf("\nThe number of students :%d\n",fun(s,m,&aver));
    printf("Ave=%f\n",aver);
}
```

三、程序设计

编写函数 int fun(int *s，int t，int *k)，功能是求出数组中最大元素的下标并存放到 k 所指的存储单元中。

例如，对于整型数组 a[10]={876,675,896,101,301,401,980,431,451,777}，输出结果为 6 980。

[注意] 不要改动 main 函数和其他函数中的任何内容，而仅在 fun 函数的花括号内填入所需编写的语句。

```
#include <stdio.h>
int fun(int *s,int t,int *k)
{
    //请在此处填入需要编写的语句
}
void main()
{
  int a[10]={876,675,896,101,301,401,980,431,451,777},k;
  fun(a, 10, &k);
  printf("%d, %d\n ", k, a[k]);
}
```

四、算法进阶实践

警察抓住了 A、B、C、D 四名盗窃嫌疑犯，其中只有一人是小偷。在审问时：
● A 说 "我不是小偷"。
● B 说 "C 是小偷"。
● C 说 "小偷肯定是 D"。
● D 说 "C 在冤枉好人"。

假设现在我们已经知道，这四人中有三人说的是真话，另一人说的是假话。请问到底谁是小偷？

模拟训练 6

一、程序填空

人员的记录由编号以及出生时的年、月、日信息组成,假设 N 名人员的数据已通过 main 函数存入结构体数组 std 中,且编号唯一。fun 函数的功能是:找出指定编号人员的数据,作为返回值,由 main 函数输出。若指定的编号不存在,则返回的数据中的编号为空串。

[注意] 不得增加或删除行,也不得更改程序的结构!

```c
#include<stdio.h>
#include<string.h>
#define N 8
typedef struct
{
  char num[10];
  int year,month,day ;
}STU;
   ①    fun(STU *std, char *num)
{
  int i;
  STU a={"",9999,99,99};
  for (i=0; i<N; i++)
    if( strcmp(  ②  ,num)==0 )
       return (std[i]  );
  return    ③   ;
}
void main()
{
  STU std[N]={ {"111111",1984,2,15},{"222222",1983,9,21},{"333333",1984,9,1},
              {"444444",1983,7,15},{"555555",1984,9,28},{"666666",1983,11,15},
              {"777777",1983,6,22},{"888888",1984,8,19}};
  STU p;         char n[10]="666666";
  p=fun(std,n);
  if(p.num[0]==0)
    printf("\nNot found !\n");
  else
  {
    printf("\nSucceed !\n");
    printf("%s    %d-%d-%d\n",p.num,p.year,p.month,p.day);
  }
}
```

二、程序改错

在以下给定的程序中，fun 函数的功能是：根据以下公式求 π 的值，并作为返回值。例如，当为指定精度的变量 eps 输入 0.0005 时，应输出 Pi=3.140578。

π/2＝1+1/3+1/3×2/5+1/3×2/5×3/7+1/3×2/5×3/7×4/9+…

请改正程序中的错误，使程序运行结果正确。

[注意] 不要改动 main 函数，不得增加或删除行，也不得更改程序的结构！

```c
#include <math.h>
#include <stdio.h>
double fun(double eps)
{
  double s,t;    int n=1;
  s=0.0;
  /************(1)************/
  t=1;
  while(t>eps)
  {
    s+=t;
    t=t * n/(2*n+1);
    n++;
  }
  /************(2)************/
  return(s);
}
main()
{
  double x;
  printf("\nPlease enter a precision: "); scanf("%lf",&x);
  printf("\neps=%lf, Pi=%lf\n\n",x,fun(x));
}
```

三、程序设计

已知学生的记录由学号和学习成绩组成，假设 N 名学生的数据已存入结构体数组 a 中。编写 fun 函数，功能如下：找出得分最高的学生的记录，并通过形参将最高分返回给 main 函数(规定只有一个最高分)。这里已经给出 fun 函数的首部，请完成 fun 函数。

[注意] 请勿改动 main 函数和其他函数中的任何内容，而仅在 fun 函数的花括号内填入需要编写的语句。

```c
#include<stdio.h>
#include<string.h>
#define N 10
```

```
typedef struct ss      /*定义结构体*/
{
    char num[10];
    int s;
} STU;
fun(STU a[], STU *s)
{
//请在此处填入需要编写的语句
}
void main()
{
    STU a[N]={{ "A01",81},{ "A02",89},{ "A03",66},{ "A04",87},{ "A05",77},
              { "A06",90},{ "A07",79},{ "A08",61},{ "A09",80},{ "A10",71}},m;
    int i;
    printf("*****The original data*****");
    for(i=0;i<N;i++)
    printf("No=%s Mark=%d\n", a[i].num,a[i].s);
    fun(a,&m);
    printf("*****THE RESULT*****\n");
    printf("The top :%s, %d\n",m.num,m.s);
}
```

四、算法进阶实践

快速排序算法是一种十分高效且常用的算法，基本思想如下：先选"标尺"，为了方便，通常将第一个数作为标尺，用它把整个队列分成左右两部分，使其左边的元素都不大于它，并使其右边的元素都不小于它。这样，排序问题就被分为两个子区间，再分别对两个子区间使用同样的方法进行排序就可以了。

下面展示了一种实现方法，请分析并填写画线部分缺少的代码。

```
#include <stdio.h>
void swap(int a[], int i, int j)
{
    int t = a[i];
    a[i] = a[j];
    a[j] = t;
}
int partition(int a[], int p, int r)
{
    int i = p;
    int j = r + 1;
    int x = a[p];
    while(1)
```

```c
    {
        while(i<r && a[++i]<x);
            while(a[--j]>x);
                if(i>=j) break;
                    swap(a,i,j);
    }
    _____;         //填入代码
    return j;
}
void quicksort(int a[], int p, int r)
{
    if(p<r){
            int q = partition(a,p,r);
            quicksort(a,p,q-1);
            quicksort(a,q+1,r);
    }
}
int main()
{
    int i;
    int a[] = {6,13,5,67,3,23,56,24,67,43,787,89};
    int N = 12;
    quicksort(a, 0, N-1);
    for(i=0; i<N; i++) printf("%d ", a[i]);
        printf("\n");
    return 0;
}
```

第 III 部分
课程专题设计训练

在完成本书前两部分之后，下面进一步提升程序设计规模，编写一些功能相对完整的程序。本部分的练习可以提升读者综合运用所学知识进行编程的能力。

题目 1　简单计算器小程序

程序功能简介

我们将要实现的简单计算器可以完成两个数的加法、减法、乘法和除法运算，另外还可以将十进制数分别转换为二进制数、八进制数和十六进制数并输出。

训练目标

- 掌握输入输出函数的用法。
- 掌握 if 语句的书写格式及应用。
- 掌握 while 循环和 for 循环的用法。
- 掌握函数的定义、声明和调用。
- 使用菜单控制程序流程。
- 掌握自顶向下的结构化系统设计方法，遵循"高内聚，低耦合"的原则，通过设计不同的函数来实现各个功能模块。各个功能模块间的联系主要通过总控子模块的控制和调用来实现，它们并非直接耦合。

程序功能分析

1. 功能结构图

功能结构图如图 3-1 所示，总共由 6 个子模块组成，它们分别用于实现不同的功能，总控子模块负责控制和调用其他各个子模块。

总控子模块
总控子模块

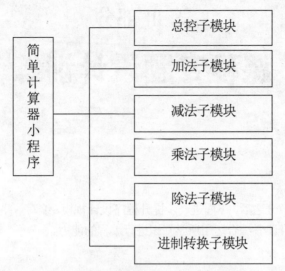

图 3-1　简单计算器小程序的功能结构图

2. 功能结构图说明

A. 总控子模块说明

图 3-2 显示了主菜单，作用是提示用户输入数字以启动对应的功能。

图 3-2　简单计算器小程序的主菜单

B. 加法子模块说明

提示用户按顺序输入被加数和加数，计算出结果并显示。加法功能可使用函数来实现，练习函数的使用方法。

C. 减法子模块说明

提示用户按顺序输入被减数和减数，计算出结果并显示。减法功能可使用函数来实现，练习函数的使用方法。

D. 乘法子模块说明

提示用户按顺序输入被乘数和乘数，计算出结果并显示。乘法功能可使用函数来实现，练习函数的使用方法。

E. 除法子模块说明

提示用户按顺序输入被除数和除数，计算出结果并显示。除法功能可使用函数来实现，练习函数的使用方法。

E. 进制转换子模块说明

提示用户输入一个十进制数，然后分别转换为二进制数、八进制数和十六进制数并输出。

参考代码

```c
#include <stdio.h>
#include <math.h>
#include <stdlib.h>

void add();           //加法运算
void minus();         //减法运算
void times();         //乘法运算
void divide();        //除法运算
void change();        //进制转换

double bNumber, Number, Result;    //定义进行四则运算时需要使用的变量

int main(void)
{
    int choice;                    //记录用户所做的选择
    while(1)
    {
        //界面
        printf(" ┌--- --- --- --- --- --- --- --- ---┐ \n");
        printf(" │  欢迎使用简单计算器小程序！        │ \n");
        printf(" ├--- --- --- --- --- --- --- --- ---┤ \n");
        printf(" │    加法请按 1                     │ \n");
        printf(" │    减法请按 2                     │ \n");
        printf(" │    乘法请按 3                     │ \n");
        printf(" │    除法请按 4                     │ \n");
        printf(" │    进制转换请按 5                  │ \n");
        printf(" │    退出请按 0                     │ \n");
        printf(" └--- --- --- --- --- --- --- --- ---┘ \n");
        printf(" 请输入您的选择： ");
        scanf("%d",&choice);
        switch(choice)
        {
            case 1:  add();        //加法
                break;
            case 2:  minus();      //减法
                break;
            case 3:  times();      //乘法
```

```
            break;
    case 4: divide();    //除法
            break;
    case 5: change();    //进制转换
            break;
    case 0: exit(0);
    default:printf("    请输入正确的数字。\n\n");
            break;
    }
    system ("pause");         //按任意键继续
    system ("cls");           //清屏
  }
  return 0;
  getchar();
}
void add()
{
  printf("        请输入被加数：");
  scanf ("%lf",&bNumber);
  printf("        请输入加数：");
  scanf ("%lf",&Number);
  Result = bNumber + Number;
  printf(" 结果是：   %lf\n\n",Result);
}
void minus()
{
  printf("        请输入被减数：");
  scanf ("%lf",&bNumber);
  printf("        请输入减数：");
  scanf ("%lf",&Number);
  Result = bNumber - Number;
  printf(" 结果是：   %lf\n\n",Result);
}
void times()
{
  printf("        请输入被乘数：");
  scanf ("%lf",&bNumber);
  printf("        请输入乘数：");
  scanf ("%lf",&Number);
  Result = bNumber * Number;
  printf(" 结果是：   %lf\n\n",Result);
}
void divide()
```

```
{
    printf("            请输入被除数: ");
    scanf("%lf",&bNumber);
    printf("            请输入除数: ");
    scanf("%lf",&Number);
    Result = bNumber / Number;
    printf("  结果是:    %lf\n\n",Result);
}
void change()
{
    int Ary_10;
    char string[32];
    printf("请输入需要转换的十进制数: ");
    scanf("%d", &Ary_10);
    itoa (Ary_10, string ,2);
    printf("二进制: %s\n", &string);
    printf("八进制: %o\n", Ary_10);
    printf("十六进制: %x\n", Ary_10);
}
```

题目 2 口算练习小程序

程序功能简介

可以自动出二位数或三位数的加法、减法、乘法和除法运算题，输入答案后自动判断对错；另外，用户还可以自由选择进行口算练习的数字的位数及内容。

训练目标

(1) 掌握输入输出函数的用法。
(2) 掌握 if 语句的书写格式及应用。
(3) 掌握 while 循环和 for 循环的用法。
(4) 使用菜单控制程序流程。
(5) 掌握自顶向下的结构化系统设计方法，遵循"高内聚，低耦合"的原则，通过设计不同的函数来实现各个功能模块。各个功能模块间的联系主要通过总控子模块的控制和调用来实现，它们并非直接耦合。

程序功能分析

1. 功能结构图

功能结构图如图 3-3 所示，总共由 5 个子模块组成，它们分别用于实现不同的功能，总控子模块负责控制和调用其他各个子模块。

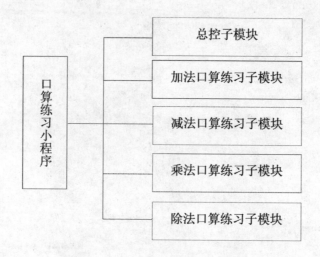

图 3-3　口算练习小程序的功能结构图

2. 功能结构图说明

A. 总控子模块说明

图 3-4 显示了主菜单，作用是提示用户输入数字以启动对应的功能。

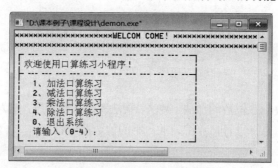

图 3-4　口算练习小程序的主菜单

B. 加法口算练习子模块说明

图 3-5 显示了对应的子菜单，作用是提示用户输入数字以启动对应的功能。

图 3-5　加法口算练习子菜单

如果输入 2，程序将随机出一道两位整数的加法口算题，根据输入的答案，输出表示"正确"或"错误"的提示信息，然后再次显示图 3-5 所示的子菜单。

如果输入 3，程序将随机出一道三位整数的加法口算题，根据输入的答案，输出表示"正确"或"错误"的提示信息，然后再次显示图 3-5 所示的子菜单。

如果输入 0，就结束加法口算练习，返回到图 3-4 所示的主菜单。

C. 减法口算练习子模块说明

图 3-6 显示了对应的子菜单，作用是提示用户输入数字以启动对应的功能。

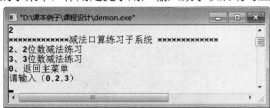

图 3-6　减法口算练习子菜单

如果输入 2，程序将随机出一道两位整数的减法口算题，请确保被减数大于减数，根据输入的答案，输出表示"正确"或"错误"的提示信息，然后再次显示图 3-6 所示的子菜单。

如果输入 3，程序将随机出一道三位整数的减法口算题，请确保被减数大于减数，根据输入的答案，输出表示"正确"或"错误"的提示信息，然后再次显示图 3-6 所示的子菜单。

如果输入 0，就结束减法口算练习，返回到图 3-4 所示的主菜单。

D. 乘法口算练习子模块说明

图 3-7 显示了对应的子菜单，作用是提示用户输入数字以启动对应的功能。

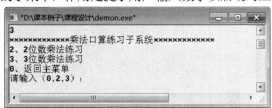

图 3-7　乘法口算练习子菜单

如果输入 2，程序将随机出一道两位整数的乘法口算题，根据输入的答案，输出表示"正确"或"错误"的提示信息，然后再次显示图 3-7 所示的子菜单。

如果输入 3，程序将随机出一道三位整数的乘法口算题，根据输入的答案，输出表示"正确"或"错误"的提示信息，然后再次显示图 3-7 所示的子菜单。

如果输入 0，就结束乘法口算练习，返回到图 3-4 所示的主菜单。

E. 除法口算练习子模块说明

图 3-8 显示了对应的子菜单，作用是提示用户输入数字以启动对应的功能。

图 3-8　除法口算练习子菜单

如果输入 2，程序将随机出一道两位整数的除法口算题，请确保被除数大于除数，根据输入的答案，输出表示"正确"或"错误"的提示信息，然后再次显示图3-8所示的子菜单。

如果输入 3，程序将随机出一道三位整数的除法口算题，请确保被除数大于除数，根据输入的答案，输出表示"正确"或"错误"的提示信息，然后再次显示图3-8所示的子菜单。

如果输入0，就结束除法口算练习，返回到图3-4所示的主菜单。

参考代码

```c
#include<stdio.h>
#include <stdlib.h>
void plus()        //加法口算练习
{
    int xz1,a,b,c;
    while (1)
    {
        printf("*************加法口算练习子系统*************\n");
        printf("2、2位数加法练习\n");
        printf("3、3位数加法练习\n");
        printf("0、返回主菜单 \n");
        printf("请输入(0,2,3): ");
        scanf("%d",&xz1);
        switch(xz1)
        {
            case 2:a=rand()%100+1; b=rand()%100+1;
                printf("%d+%d=",a,b);
                scanf("%d",&c);
                if (a+b==c) printf("right!\n");
                else    printf("error!\n");
                break;
            case 3: a=rand()%899+100; b=rand()%899+100;
                printf("%d+%d=",a,b);
                scanf("%d",&c);
                if (a+b==c) printf("right!\n");
                else    printf("error!\n");
                break;
            case 0: goto end;
        }
    }
    end:
    return;
}
void minus()        //减法口算练习
{
```

```c
  int xz2,a,b,c,t;
  while (1)
  {
     printf("*************减法口算练习子系统 *************\n");
     printf("2、2位数减法练习\n");
     printf("3、3位数减法练习\n");
     printf("0、返回主菜单\n");
     printf("请输入(0,2,3)\n");
     scanf("%d",&xz2);
     switch(xz2)
     {
        case 2: a=rand()%100+1; b=rand()%100+1;
             if(a<b){t=a;a=b;b=t;}
             printf("%d-%d=",a,b);
             scanf("%d",&c);
             if (a-b==c) printf("right!\n");
             else   printf("error!\n");
             break;
        case 3: a=rand()%899+100; b=rand()%899+100;
             if(a<b){t=a;a=b;b=t;}
             printf("%d-%d=",a,b);
             scanf("%d",&c);
             if (a-b==c) printf("right!\n");
             else  printf("error!\n");
             break;
        case 0: goto end;
     }
  }
  end:
  return;
}
void times()       //乘法口算练习
{
  int xz3,a,b,c;
  while (1)
  {
     printf("*************乘法口算练习子系统*************\n");
     printf("2、2位数乘法练习\n");
     printf("3、3位数乘法练习\n");
     printf("0、返回主菜单 \n");
     printf("请输入(0,2,3)：");
     scanf("%d",&xz3);
     switch(xz3)
```

```c
        {
            case 2: a=rand()%100+1; b=rand()%100+1;
                printf("%d×%d=",a,b);
                scanf("%d",&c);
                if (a*b==c) printf("right!\n");
                else    printf("error!\n");
                break;
            case 3: a=rand()%899+100; b=rand()%899+100;
                printf("%d×%d=",a,b);
                scanf("%d",&c);
                if (a*b==c) printf("right!\n");
                else    printf("error!\n");
                break;
            case 0: goto end;
        }
    }
    end:
    return;
}
void divide()       //除法口算练习
{
    int xz4,a,b,c,d,t;
    while (1)
    {
        printf("************除法口算练习子系统*************\n");
        printf("2、2 位数除法练习\n");
        printf("3、3 位数除法练习\n");
        printf("0、返回主菜单 \n");
        printf("请输入(0,2,3)：");
        scanf("%d",&xz4);
        switch(xz4)
        {
            case 2: a=rand()%100+1; b=rand()%100+1;
                if(a<b){t=a;a=b;b=t;}
                printf("%d÷%d\n",a,b);
                printf("商=");scanf("%d",&c);
                printf("余数=");scanf("%d",&d);
                if ((a/b==c)&&(a%b==d)) printf("\nright!\n");
                else    printf("\nerror!\n");
                break;
            case 3: a=rand()%899+100; b=rand()%899+100;
                if(a<b){t=a;a=b;b=t;}
                printf("%d÷%d\n",a,b);
```

```c
                printf("商=");scanf("%d",&c);
                printf("余数=");scanf("%d",&d);
                if ((a/b==c)&&(a%b==d)) printf("\nright!\n");
                else    printf("\nerror!\n");
                break;
        case 0: goto end;
    }
  }
  end:
  return;
}
void menu()      //显示主菜单
{
  printf("*******************WELCOM COME!  *******************\n");
  printf("****************************************************\n");
  printf("  ┌ --- --- --- --- --- --- --- --- --- --- ┐ \n");
  printf("  │   欢迎使用口算练习小程序!                │ \n");
  printf("  ├ --- --- --- --- --- --- --- --- --- --- ┤ \n");
  printf("  │    1、加法口算练习                       │ \n");
  printf("  │    2、减法口算练习                       │ \n");
  printf("  │    3、乘法口算练习                       │ \n");
  printf("  │    4、除法口算练习                       │ \n");
  printf("  │    0、退出系统                           │ \n");
  printf("  │    请输入(0-4):                          │ \n");
  printf("  └ --- --- --- --- --- --- --- --- --- --- ┘ \n");
}
void main()
{
  int xz;
  while(1)
  {
    menu();
    scanf("%d",&xz);
    if (xz==5) break;
    else
    switch(xz)
    {
      case 1: plus();break;
      case 2: minus();break;
      case 3: times();break;
      case 4: divide();break;
      case 0: exit(0);
    }
```

```
    }
    printf("谢谢使用，再见!\n");
}
```

题目 3　文件加密小程序

程序功能简介

文件加密技术有很多，根据不同场合的需要，可以将文件加密技术分为若干等级。这里的程序设计目标是实现简单的文件加密技术，也就是采用文件逐字节与密码异或方式对文件进行加密。进行解密时，只需要再次运行一遍加密程序即可。这里对密码格式做了事先设定：不多于 6 位的数字密码。

训练目标

- 熟练掌握用于文件操作的基本函数的使用方法。
- 熟悉指针在文件中的应用。
- 熟悉在函数间传递数据的方法。
- 使用菜单控制程序流程。
- 掌握自顶向下的结构化系统设计方法，遵循"高内聚，低耦合"的原则，通过设计不同的函数来实现各个功能模块。各个功能模块间的联系主要通过总控子模块的控制和调用来实现，它们并非直接耦合。

程序功能分析

1. 功能结构图

功能结构图如图 3-9 所示，总共由 4 个子模块组成，它们分别用于实现不同的功能，总控子模块负责控制和调用其他各个子模块。

图 3-9　文件加密小程序的功能结构图

2. 功能结构图说明

A. 总控子模块说明

图 3-10 显示了主菜单，作用是提示用户输入数字以启动对应的功能。

图 3-10　文件加密小程序的主菜单

B. 新建子模块说明

提示用户输入文件的名称，将文件存放到源文件所在的目录下即可。然后提示用户继续输入要存入文件中的内容，以##作为结束标志。输入结束后，返回到图 3-10 所示的主菜单。

C. 加密子模块说明

提示用户输入加密密码，并判断密码是否符合要求(不多于 6 位的数字密码)。如果密码不符合要求，就提示用户重新输入，直到满足要求为止。

然后提示用户输入需要加密的文件的名称。如果文件存在，读出文件的内容，采用文件逐字节与密码异或方式完成加密，并将加密后的内容写入文件中；如果文件不存在的话，则给出合理的提示信息。

D. 解密子模块说明

提示用户输入密码，为了降低程序的难度，解密时，要求只有在加密后且尚未退出程序时才能解密成功。判断用户输入的密码是否为加密时提供的密码，如果密码不符合要求，提示重新输入，直到满足要求为止。

然后提示用户输入需要解密的文件的名称。如果文件存在的话，读出文件的内容，采用文件逐字节与密码异或方式完成解密，并将解密后的内容写入文件中，同时显示到屏幕上；如果文件不存在的话，则给出合理的提示信息。

参考代码

```c
#include<stdio.h>
#include<stdlib.h>
#include<string.h>
#define M 6
void menu(void);              //主菜单
void create(void);            //新建文件并输入内容
void encrypt(void);           //加密
void decrypt(void);           //解密
int judge(void);              //程序流程控制函数
int isLegalpwd(pwd);          //判断密码是否合法
```

```c
int pwd;                //密码存放变量
main()
{
    int choice;
    while(1)
    {
        menu();
        scanf("%d",&choice);        //输入菜单选项
        switch(choice)
        {
            case 0:
                printf("\n");
                exit(0);
            case 1:
                system("cls");      //1.创建文件并输入内容
                create();
                break;
            case 2:
                system("cls");      //2.加密
                encrypt();
                break;
            case 3:
                system("cls");      //3.解密
                decrypt();
                break;
            default:
                printf("输入错误,请重试!\n");
                break;
        }
    }
}
void menu(void)             //主菜单
{
    printf("*******************WELCOM COME! *******************\n");
    printf("****************************************************\n");
    printf(" ┌--- --- --- --- --- --- --- --- --- --- --- ┐ \n");
    printf(" ┆ 欢迎使用,文本文件加密小程序!              ┆ \n");
    printf(" ├--- --- --- --- --- --- --- --- --- --- ---┤ \n");
    printf(" ┆   1. 创建文件并输入内容                    ┆ \n");
    printf(" ┆   2. 加密                                  ┆ \n");
    printf(" ┆   3. 解密                                  ┆ \n");
    printf(" ┆   0. 退出                                  ┆ \n");
    printf(" ┆   请输入(0-3):                             ┆ \n");
```

```c
        printf("└ --- --- --- --- --- --- --- --- --- --- ---┘ \n");
}
void create(void)
{
    FILE *fp;
    char ch[100];
    char fname[40];
    int i;
    printf("请输入文件名：\n");
    scanf("%s",&fname);
    if((fp = fopen(fname,"w"))==NULL)     //如果文件打开失败，退出系统
    {
        printf("文件打开错误 %s.\n",fname);
        exit(0);
    }

    printf("输入想要存入文件的内容，以##结束：\n");
    for(i = 0;;i++)
    {
        scanf("%c",&ch[i]);
        if(ch[i] == '#'&&ch[i-1] == '#')
        break;
        fputc(ch[i],fp);      //将输入的内容写入文件
    }
    fclose(fp);
}
void encrypt(void)          //加密
{
    int n = 1,x;
    FILE *fp, *fp1;
    char c, fname[M];
    while(n)
    {
        printf("\n 输入加密密码(不多于 6 位的数字密码)：\n");
        scanf("%d",&pwd);
        x = isLegalpwd(pwd);      //判断密码是否符合要求
        if(x == 1)
        {
            while(n)
            {
                printf("\n 输入想要加密的文件的名称：\n");
                printf("请确保加密文件和源文件在同一目录下！\n");
                scanf("%s",fname);
```

```c
        if((fp = fopen(fname,"r")) == NULL)        //以读的方式打开源文件
        {
            printf("\n 无法打开，继续按 Y 或 y\n");
            getchar();
            n = judge();
        }
        if((fp1 = fopen("encrypt.txt","w")) == NULL)   //以写的方式打开目标文件
        {
            printf("无法打开\n");
            exit(0);
        }
        while((c = fgetc(fp)) != EOF)
        {
            fputc(c^pwd,fp1);
        }//将 fp 所指文件中的内容与密码进行异或
        fclose(fp1);
        fclose(fp);
        remove(fname);              //remove 函数用于删除指定的文件
        rename("encrypt.txt",fname);//对文件进行重命名，可以另存到其他位置
        printf("\n 文档加密并保存成功！\n");
        printf("\n 返回主菜单请按 n，继续使用系统请按 y： \n");
        n = judge();
        }
    }
    else
        printf("\n 密码格式不正确!\n");
        getchar();      //停顿一下，等待判断是否继续加密
    }
}
void decrypt(void)   //解密
{
    FILE *fp,*fp1;
    int n=1;
    char c,fname[M];
    int pwd1;          //用户输入的解密密码
    int i;
    while(n)
    {
        printf("\n 输入解密密码\n");
        scanf("%d",&pwd1);
        if(pwd1==pwd)
        {
            while(n)
```

```c
        {
            printf("\n 将要解密的文件的名称：\n");
            printf("请确保解密文件和源文件在同一目录下！\n");
            scanf("%s",fname);
            if((fp = fopen(fname,"r")) == NULL)
            {
                printf("\n 文件打不开\n");
                exit(0);
            }
            if((fp1 = fopen("decrypt.txt","w")) == NULL)
            {
                printf("文件无法打开！\n");
                exit(0);
            }
            while((c = fgetc(fp)) != EOF)
            {
                fputc(c^pwd,fp1);      //再次与密码异或，完成解密
                if(c^pwd!= '#')
                    putchar(c^pwd);
            }
            fclose(fp1);
            fclose(fp);
            remove(fname);
            rename("decrypt.txt",fname);    //将 decrypt.txt 重命名为 fname
            printf("\n\n 返回主菜单请按 n，继续使用系统请按 y：\n");
            n = judge();
        }
    }
    else printf("\n 输入有误，重新输入：\n");
        getchar();
    }
}
int judge(void)    //程序流程控制函数
{
    char x;
    scanf("%c",&x);
    if(x == 'Y' || x == 'y')
        return 1;
    else
        return 0;
}
int isLegalpwd(int pwd)    //判断密码是否符合要求
{
```

```
    int i, flag1 = 0,flag2 = 0,len;
    len = 0;
    while(pwd)
    {
        len++;
        pwd/=10;
    }
    if (len>6) return 0;
    else return 1;
}
```

题目 4 通讯录管理小程序

程序功能简介

通讯录管理小程序能够管理的联系人信息包括姓名、电话和地址。你可以新增联系人信息，对已有联系人信息进行修改、删除和查询。另外，联系人信息的新增、修改、删除和查询操作均在结构体数组中完成，联系人信息可以存入本地文件以永久保存。

训练目标

- 熟练掌握用于操作文件的基本函数的使用方法。
- 熟悉指针在文件中的应用。
- 熟悉结构体数组的使用方法。
- 熟练掌握结构体数组的文件数据读入及写入操作。
- 使用菜单控制程序流程。
- 掌握自顶向下的结构化系统设计方法，遵循"高内聚，低耦合"的原则，通过设计不同的函数来实现各个功能模块。各个功能模块间的联系主要通过总控子模块的控制和调用来实现，它们并非直接耦合。

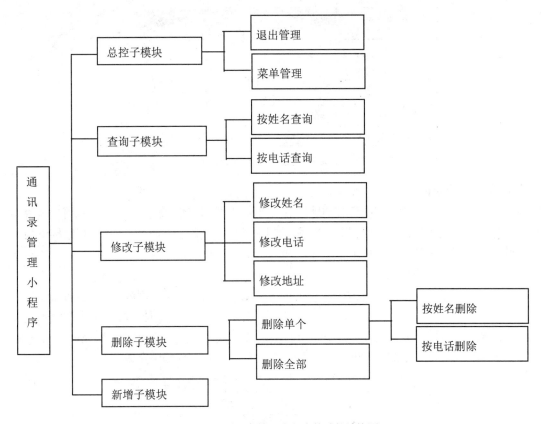

图 3-11 通讯录管理小程序的功能结构图

程序功能分析

1. 功能结构图

功能结构图如图 3-11 所示，总共由 5 个子模块组成，它们分别用于实现不同的功能，总控子模块负责控制和调用其他各个子模块。

2. 功能结构图说明

A. 总控子模块说明

程序在启动时将首先检验 D 盘根目录下是否存在 txl.txt 文件。如果不存在，则提示用户创建这个文件；如果已经存在，就将其中的全部联系人信息读入结构体数组，并显示图 3-12 所示的主菜单，提示用户输入数字以启动对应的功能。

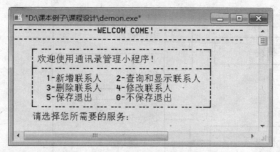

图 3-12　通讯录管理小程序的主菜单

B. 新增子模块说明

提示用户分别输入姓名、电话和地址,并暂时存放到结构体数组中,之后提示用户是否还要继续输入。如果用户选择返回到图 3-12 所示的主菜单,那么可以输入 5,从而将结构体数组中的联系人信息逐条复制到文件中并保存。

C. 查询子模块说明

提供逐个显示、按电话查询和按姓名查询联系人的功能。查询子模块的菜单界面如图 3-13 所示。后面的参考代码中已经实现逐个显示和按姓名查询联系人的功能。按电话查询联系人的功能尚未全部完成,读者只需要参照 find_byname 函数(用于按姓名查找联系人)完成 find_bytel 函数的编写即可。find_bytel 函数的调用、定义和声明已在参考代码中完成。

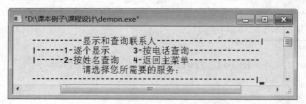

图 3-13　查询子模块的菜单界面

D. 删除子模块说明

提供删除全部或单个联系人的功能。为了删除单个联系人,可在结构体数组中查找满足相关条件的联系人信息并进行删除。删除联系人信息后,用户必须在图 3-12 所示的主菜单中选择"5-保存退出",才能将删除结果更新到对应的文件中。删除单个联系人的功能可细分为按姓名和按电话删除联系人。后面的参考代码已经实现了按姓名删除联系人。按电话删除联系人的功能尚未全部完成,读者只需要参照 del_byname 函数(用于按姓名删除联系人)完成 del_bytel 函数的编写即可。del_bytel 函数的调用、定义和声明已在参考代码中完成。

E. 修改子模块说明

按姓名或电话查找联系人,对找到的联系人的姓名、电话和地址信息进行修改,并将修改后的数据保存到结构体数组中。修改结束后,用户必须在图 3-12 所示的主菜单中选择"5-保存退出",才能将修改结果更新到对应的文件中。按电话修改联系人的功能尚未全部完成,读者只需要参照 modify_byname 函数(用于按姓名修改联系人)完成 modify_bytel 函数的编写即可。modify_bytel 函数的调用、定义和声明已在参考代码中完成。

参考代码

```c
#include <stdio.h>
#include <stdlib.h>
#include <string.h>
#include <conio.h>
#include<process.h>
struct tongxunlu
{
  char name[20];
  char tel[20];
  char dizhi[40];
} txl[100];        // 默认可以保存 100 个联系人
int n=0;           // 记录保存了多少个联系人
FILE *fp;          /* 文件指针*/
/*******以下为通讯录管理小程序的函数声明*************/
void mainmenu();         /* 主菜单函数 */
void newItem();          /*联系人增加函数 */
void readfile();         /*文件读取函数 */
void writefile();        /*文件写入函数 */
void modify();           /*联系人修改函数 */
void modify_byname();    /* 按姓名查找联系人,并修改信息 */
void modify_bytel();     /* 按电话查找联系人,并修改信息 */
void find();             /*联系人查找函数 */
void find_byname();      /* 按姓名查找联系人 */
void find_bytel();       /* 按电话查找联系人 */
void del();              /*联系人删除函数 */
void del_all();          /*删除全部联系人 */
void del_one();          /*删除单个联系人 */
void del_byname()        /* 按姓名删除联系人 */
void del_bytel()         /* 按电话删除联系人 */
void show_all();         /* 显示全部联系人 */
/***************************************************/
void main()
{
  readfile();
  while(1)
  {mainmenu(); }
}
void readfile()
{
  if(fopen("d:\\txl.txt","rb")==NULL) /*检查文件是否存在*/
  {
```

```c
            printf("\n\t\t\t 通讯录文件不存在       ");
            printf("\n\t\t\t 请在D盘根目录下创建txl.txt文件");
            getchar();
            exit(0);
        }
        else
        {
            fp=fopen("d:\\txl.txt","rb");
            fseek(fp,0,SEEK_END);
            if (ftell(fp)>0) /* 文件不为空 */
            {
                rewind(fp); /* 将文件内部的位置指针移到文件的开始位置*/
                for (n=0;!feof(fp) && fread(&txl[n],sizeof(struct tongxunlu),1,fp);n++);
                printf("\n\t|---------  欢迎使用通讯录管理小程序------------");
                printf("\n\t            ---------  文件导入成功---------");
                printf("\n\t            ---------  按任意键进入主菜单-----------");
                printf("\n\t---------------------------------------------|");
                getch();
                return;
            }
            else
            {
                printf("\n\t|----------  欢迎使用通讯录管理小程序-----------");
                printf("\n\t            ---------  文件导入成功---------");
                printf("\n\t            ---------  通讯录文件中无任何记录---------");
                printf("\n\t--------------按任意键进入主菜单--------------");
                printf("\n\t---------------------------------------------|");
                getch();
                return;
            }
        }
    }
}
void mainmenu()
{
    char choice;
    system("cls");
    printf("---------------WELCOM COME!  ------------------\n");
    printf("--------------------------------------------\n");
    printf ("       ┌--- --- --- --- --- --- --- --- ---┐ \n");
    printf ("       ┆ 欢迎使用通讯录管理小程序!            ┆ \n");
    printf ("       ├--- --- --- --- --- --- --- --- ---┤ \n");
    printf ("       ┆    1-新增联系人     2-查询和显示联系人  ┆ \n");
    printf ("       ┆    3-删除联系人     4-修改联系人        ┆ \n");
```

```c
        printf("     5-保存退出      0-不保存退出       \n");
        printf("                                        \n");
        printf("    请选择您所需要的服务：    ");
        choice=getch();
        switch (choice)
        {
            case '1':newItem();break;
            case '2':find();break;
            case '3':del();break;
            case '4':modify();break;
            case '5':writefile();break;
            case '0':exit(0);
            default:mainmenu();
        }
    }
    void newItem()
    {
        system("cls");     // 清屏
        printf("\n\t\t----------------请输入联系人信息-----------------\n");
        printf("\n\t\t   输入联系人的姓名：");
        scanf("%s",txl[n].name);
        printf("\n\t\t   输入联系人的电话号码：");
        scanf("%s",txl[n].tel);
        printf("\n\t\t   输入联系人的地址：");
        scanf("%s",txl[n].dizhi);
        n++;
        printf("\n\t\t   是否继续添加联系人?(Y/N):");
        if (getch()=='y') newItem();
        return;
    }
    void writefile()
    {
        int i;
        if((fopen("d:\\txl.txt","wb"))==NULL)
        {
            printf("\n\t\t   文件打开失败 ");
            getchar();
            exit(0);
        }
        fp=fopen("d:\\txl.txt","wb" );
        fseek(fp, 0, SEEK_END);
        for (i=0;i<n;i++)
        {
```

```c
      fwrite(txl+i, sizeof(struct tongxunlu ), 1, fp);
   }
   fflush(fp);
   fclose(fp);
   printf("\n\t--------------------------------------------|");
   printf("\n\t\t    通讯录文件已保存    ");
   printf("\n\t\t    谢谢使用，欢迎再次使用!\n");
   printf("\n\t\t    按任意键退出程序   \n\t\t");
   printf("\n\t--------------------------------------------|");
   exit(0);
}
void find()      //查询联系人
{
   char choice;
   system("cls");
   printf("\n\t\t----------显示和查询联系人--------------------|");
   printf("\n\t\t|-----1-逐个显示所有 3-按电话查询--------------");
   printf("\n\t\t|-----2-按姓名查询   4-返回主菜单-------------");
   printf("\n\t\t              请选择所需的服务：     ");
   printf("\n\t\t--------------------------------------------|");
   choice=getch();
   switch (choice)
   {
      case '1':show_all();break;
      case '2':find_byname();break;
      case '3':find_bytel();break;
      case '4':mainmenu();break;
   }
}
void show_all()      // 显示所有联系人
{
   int i;
   system("cls");     // 清屏
   if(n!=0)
   {
      printf("\n\t\t---------欢迎查询通讯录中的所有联系人信息------------|");
      for (i=0;i<n;i++)
      {
         printf("\n\t\t    姓名：    %s",txl[i].name);
         printf("\n\t\t    电话：    %s",txl[i].tel);
         printf("\n\t\t    地址：    %s",txl[i].dizhi);
         printf("\n\t\t--------------------------------------------|");
         if (i+1<n)
```

```c
            {
                printf("\n\t\t----------------------");
                system("pause");
            }
        }
        printf("\n\t\t--------------------------------------|");
    }
    else
    printf("\n\t\t   通讯录文件中无任何记录   ");
    printf("\n\t\t   按任意键返回主菜单：   ");
    getch();
    return;
}
void find_byname()     // 按姓名查询
{
    int mark=0;
    int i;
    char name1[20];
    printf("\n\t\t------------- 按姓名查找   -----------------|");
    printf("\n\t\t   请输入您想要查找的联系人的姓名： ");
    scanf("%s",name1);
    for(i=0;i<n;i++)
    {
        if (strcmp(txl[i].name,name1)==0)
        {
            printf("\n\t\t----------以下是查找到的联系人信息-------------|");
            printf("\n\t\t    姓名：   %s",txl[i].name);
            printf("\n\t\t    电话：   %s",txl[i].tel);
            printf("\n\t\t    地址：   %s",txl[i].dizhi);
            printf("\n\t\t----------------------------------------|");
            mark++;
            getch();
            return;
        }
    }
    if (mark==0)
    {
        printf("\n\t\t    没有找到联系人的相关信息   ");
        printf("\n\t\t    按任意键返回主菜单   ");
        getch();
        return;
    }
}
```

```c
void del()
{
    char choice;
    if(n==0)                /* 如果通讯录文件中没有任何记录，就输出以下内容    */
    {
        printf("\n\t\t    对不起，通讯录文件中无任何记录    ");
        printf("\n\t\t    按任意键返回主菜单    ");
        getch();
        return;
    }
    system("cls");                    /* 清屏 */
    printf("\n\t\t---------------删除菜单---------  -----------");
    printf("\n\t\t        1-删除所有   2-删除单个");
    printf("\n\t\t        3-返回主菜单");
    printf("\n\t\t        请选择您所需要的服务：    ");
    printf("\n\t\t|-------------------------------------------");
    choice=getch();
    switch (choice)
    {
        case '1':del_all();break;
        case '2':del_one();break;
        case '3':mainmenu();break;
        default:mainmenu();break;
    }
}
void del_all()          // 删除所有联系人
{
    printf("\n\t\t    确认删除?(y/n)");
    if (getch()=='y')
    {
        fclose(fp);
        if((fp=fopen("d:\\txl.txt","wb"))==NULL)
        {
            printf("\n\t\t    文件不能打开，删除失败");
            readfile();
        }
        n=0;
        printf("\n\t\t    记录已删除，按任意键返回主菜单    ");
        getch();
        return;
    }
    else
    return;
```

```c
}
void del_byname()          //  按姓名删除联系人
{
    int i,m,mark=0,a=0;
    char name1[20];
    printf("\n\t\t    请输入想要删除的联系人的姓名：    ");
    scanf("%s",name1);              /* 通过键盘输入姓名 */
    for (i=a;i<n;i++)
    {
        if (strcmp(txl[i].name,name1) == 0)      //对比字符串，查找想要删除的联系人
        {
            printf("\n\t\t    以下是您想要删除的联系人信息：    ");
            printf("\n\t\t----------------------------");
            printf("\n\t\t    姓名：    %s",txl[i].name);
            printf("\n\t\t    电话：    %s",txl[i].tel);
            printf("\n\t\t    地址：    %s",txl[i].dizhi);
            printf("\n\t\t----------------------------");
            printf("\n\t\t    是否删除?(y/n)");
            if (getch()=='y')          //实现删除功能
            {
                for (m=i;m<n-1;m++)
                    txl[m]=txl[m+1];
                n--;
                mark++;
                printf("\n\t\t    删除成功 ");
                printf("\n\t\t    是否继续删除?(y/n)");
                if (getch()=='y')
                    del_byname();       /* 继续调用删除函数 */
                return;
            }
            else
                return;
        }
        continue;
    }
    if (mark==0)
    {
        printf("\n\t\t    联系人不存在 ");
        printf("\n\t\t    是否继续删除?(y/n)");
        if (getch()=='y')
            del_byname();
        return;
    }
```

```c
}
void del_one()      // 删除单个联系人
{
    char choice;
    printf("\n\t--------------------------------------------------");
    printf("\n\t\t      1-按姓名删除      2-按电话删除  ");
    printf("\n\t\t             请选择您所需要的服务：    ");
    printf("\n\t--------------------------------------------------");
    choice=getch();
    switch (choice)
    {
        case '1':del_byname();break;
        case '2':del_bytel();break;
    }
}

void modify()      //修改联系人
{
    char choice;
    if(n==0)
    {
        printf("\n\t\t    对不起，通讯录文件中无任何记录   ");
        printf("\n\t\t    按任意键返回主菜单   ");
        getch();
        return;
    }
    system("cls");
    printf("\n\t\t--------------      修改联系人菜单   ---------------");
    printf("\n\t\t      1-按姓名修改      2-按电话修改");
    printf("\n\t\t              按任意键返回主菜单       ");
    printf("\n\t\t--------------------------------------------------");
    choice=getch();
    switch(choice)
    {
        case '1':modify_byname();break;
        case '2':modify_bytel();break;
        default:mainmenu();break;
    }
}
void modify_byname()      //按姓名查找联系人并修改信息
{
    char choice;
    int i,mark=0;
```

```c
char name1[20];
printf("\n\t\t   请输入想要修改的联系人的姓名：     ");
scanf("%s",name1);
if(n==0)
{
    printf("\n\t\t   通讯录文件中无任何联系人   ");
    printf("\n\t\t   按任意键返回主菜单   ");
    getch(); mark++;
    return;
}
for(i=0;i<n;i++)
{
    if(strcmp(txl[i].name,name1)==0)
    {
        printf("\n\t\t 以下是您想要修改的联系人信息   ");
        printf("\n\t\t 姓名：%s",txl[i].name);
        printf("\n\t\t 电话：%s",txl[i].tel);
        printf("\n\t\t 地址：%s",txl[i].dizhi);
        printf("\n\t\t 地址：是否修改(y/n)");
        if(getch()=='y')
        {
            printf("\n\t----------- 请选择修改信息  -------------");
            printf("\n\t     1-修改姓名        2-修改电话");
            printf("\n\t     3-修改地址");
            printf("\n\t-------------------------------------");
            printf("\n\t         请选择您所需要的服务：   ");
            scanf("%s",&choice);
            switch(choice)
            {
                case '1': printf("\n\t   请输入新的姓名：   ");
                    scanf("%s",txl[i].name);break;
                case'2':printf("\n\t   请输入新的电话号码：    %s");
                    scanf("%s",txl[i].tel);break;
                case'3':printf("\n\t   请输入新的地址： ");
                    scanf("%s",txl[i].dizhi);break;
            }
        }
        mark=1;
    }
}
if(mark==0)
{
    printf("\n\t\t    没有找到联系人    ");
```

```c
        printf("\n\t  是否继续修改？(Y/N):");
        if(getch()=='y')
            modify_byname();
        return;
    }
}
void del_bytel()      //按电话删除联系人
{
    /*请读者参照 del_byname 函数完成 del_bytel 函数*/
}
void find_bytel()     //  按电话查询联系人
{
    /*请读者参照 find_byname 函数完成 find_bytel 函数*/
}
void modify_bytel()   //  按电话查找联系人并修改信息
{
    /*请读者参照 modify_byname 函数完成 modify_bytel 函数*/
}
```

第 IV 部分

参考答案及解析

"基础实验与算法积累"部分的参考答案及解析

实验 2 数据类型、运算符及表达式

1. 基础练习

【2-1-1】
59 转换成二进制数是 111011。
59 转换成八进制数是 73。
59 转换成十六进制数是 3B。

【2-1-2】
程序运行结果为：
我有 12 个 QQ 好友
我有 10 个 QQ 好友
我有 18 个 QQ 好友

原因分析：值常量 12 代表十进制数，值为 12；值常量 012 代表八进制数，转换为十进制数后，值为 10；值常量 0x12 代表十六进制数，转换为十进制数后，值为 18。

【2-1-3】程序运行结果为：
a=32767,c=127
a=-32768,c=-128

原因分析：c 是字符型变量，占用 1 字节空间，取值范围为-128~+127。由于 c 被赋值为 127，$(127)_{10}=(01111111)_2$，因此执行 c++ 运算相当于计算 01111111+00000001=10000000，而 10000000 刚好是-128 的补码。在这里，由于赋予字符型变量的值超出了字符型数据的取值范围，因此造成了"溢出"错误。当使用数据类型时，一定要注意数据类型的取值范围以避免产生这种"溢出"错误。

a 是 short 型变量，占用 2 字节空间，取值范围为-32 768～+32 767。由于 a 被赋值为 32 767，因此执行 a++ 运算时也会"溢出"，a 的值将变成-32 768。

【2-1-4】程序运行结果为 c1=F、c2=H。

【2-1-5】100.000000 0 1 1 1 0

【2-1-6】n1=11、n2=13 n3=9、n4=13 n5=11、n6=13 n7=9、n8=-1

【2-1-7】程序运行结果为a=9、b=8、c=8、f=5.500000。

解析：首先计算x+y，值为9.6，然后赋值给a。因为a是整型变量，所以a只取整数部分，值为9。把x强制转换为整型，与y相加后，值为8.7，因为b为整型，所以b的值为8。把x强制转换为整型后，值为3；把y强制转换为整型后，值为5；将二者相加后赋给c，c的值为8。11/i意味着使用实型数据除以整型数据，结果为实型数据5.5，把5.5赋给实型变量f。

【2-1-8】程序运行结果为：

x=5
y=2
z=1

【2-1-9】程序运行结果为value of area:50。

2. 程序填空

【2-2-1】

① ___c+32___   ② ___c-32___

3. 程序改错

【3-3-1】

```
#include<stdio.h>
#define PRICE 100        //①去掉行尾分号
#define DISCOUNT 0.8     //②去掉行尾分号
void main()              //③④⑤void和main之间需要有空格，main函数名拼写错误且后面缺少一对圆括号
{
  int total;
  total=10*PRICE*DISCOUNT;
  printf("total=%d\n",total);
  total=100*PRICE*DISCOUNT;
  printf("total=%d\n",total);
}
```

【3-3-2】

```
#include <stdio.h>
void main()
{
  int c;              //①变量c未定义，因此应该添加一条变量定义语句
  int a = 10;
  c = a++;            //②去掉自增运算符中间的空格
  printf("%d\n", c );
```

```
    c =a+c--;              //③自减运算符不能作用于表达式
    printf("%d\n", c );
}
```

4. 程序设计

【2-4-1】参考代码如下：

```
#include <stdio.h>
void main()
{
   float c,f;
   printf("请输入华氏温度：\n");
   scanf("%f",&f);
   c=(5.0/9)*(f-32);
   printf("摄氏温度为：%5.2f\n",c);
}
```

【2-4-2】参考代码如下：

```
#include <stdio.h>
#include <math.h>     //sqrt 函数定义在 math.h 头文件中
void main( )
{
   int a,b,c;
   float p,area;
   a=3;
   b=5;
   c=7;
   p=(a+b+c)/2.0;
   area=sqrt(p*(p-a)*(p-b)*(p-c));       //sqrt 为开平方函数
   printf("area is %4.2f\n",area);
}
```

【2-4-3】参考代码如下：

```
#include <stdio.h>
void main()
{
   printf("        **           ** \n");
   printf("      *    *       *    * \n");
   printf("    *        *   *        \n");
   printf("    *          *         * \n");
   printf("    *                    * \n");
   printf("     *                  * \n");
   printf("      *                * \n");
```

```
    printf("     *          * \n");
    printf("    *            * \n");
    printf("   *              * \n");
    printf("    *            * \n");
    printf("     *          * \n");
    printf("      *        * \n");
    printf("       *      * \n");
    printf("        *    * \n");
    printf("          * \n");
}
```

【2-4-4】参考代码如下：

```
# include <stdio.h>
# include <math.h>              //fabs 函数定义在 math.h 头文件中
void main( )
{
    float a,b,c;
    a=0.0;
    b=1.2;
    c=1.2;
    printf("%d\n",fabs(a)<1e-6);     //fabs 函数用来求实数的绝对值
    printf("%d\n",fabs(b-c)<1e-6);
}
```

实验 3 常用输入输出函数

1. 基础练习

[说明] ↵代表回车，_代表空格。

【3-1-2】输入格式如下：

a=1,b=2↵

3.5,4.6Az↵

解析：第 1 条 scanf 语句的格式控制字符串中包含了非格式控制字符串"a=,b="，因此在输入时需要原样输入。第 2 条 scanf 语句的两个格式控制字符串的中间有一个逗号，因此在输入时需要以逗号作为分隔符。第 3 条 scanf 语句要求输入字符，使用键盘输入的任何内容都会被当作字符处理，因此直接输入 Az，之前不能有回车，否则回车会被当作字符赋给变量 c1。

【3-1-3】输入格式如下：

___10___20Aa1.1_-2.2_8.8，3.3↵

解析：当按%5d 格式的要求输入 a 与 b 时，先输入 3 个空格，再输入 10 与 20。%*f 用于禁止赋值。在输入时，对应%*f 的地方可随意输入一个实数，上面输入的是 8.8，这个值不会赋给任何变量。

【3-1-5】如果将 a 改为 double 型，并且其他不变的话，测试结果为 3333.333333。

【3-1-6】程序运行结果为：

```
88 89
88,89
x,y
a=88,b=89
```

解析：这里将 a 和 b 的值输出了四次，但由于格式控制字符串不同，因此输出的结果也不同。在第 5 行语句的格式控制字符串中，两个%d 的中间多了一个空格(非格式字符)，因此输出的值之间也会有一个空格。在第 6 行语句的格式控制字符串中，加入的则是非格式字符逗号，因此输出的值之间也会有一个逗号。第 7 行语句的格式控制字符串要求按字符型输出 a 和 b 的值。第 8 行语句为了提示输出结果而添加了非格式字符串。

【3-1-7】程序运行结果如下：

```
a=15
a=15,a=    15,a=17, a=f

a=123.456001
b=123.456001,b=123.456001,b=123.45600,b=1.234560e+002

c=123345678.123457
c=123345678.123457,c=123345678.123457,c=123345678.1235

d=p
d=p,d=        p
```

2. 程序填空

【3-2-1】
① %06d   ② -06d   ③ %4.2f   ④ %8.4f
⑤ %c   ⑥ %d   ⑦ %o   ⑧ %x

【3-2-2】
① %c%c   ② &a,&b   ③ %3d%3d%d%d   ④ &n1,&n2,&n3
⑤ n1=%d,n2=%d   ⑥ &n1,&n2

3. 程序改错

【3-3-1】

```c
#include <stdio.h>
void main()
{
    float a;
    printf("请输入一个实型数据：");
    scanf("%f",&a);
```

```
    printf("%d",a);          //①将%f改为%d
}
```

解析：产生错误是由于输入数据的类型和输出数据的类型不一致，进而导致输出数据和输入数据不一致。这带给我们的启示是：在使用输入输出函数时，需要特别注意保持数据类型一致。

【3-3-2】

```
#include <stdio.h>
void main()                  //①在 void 和 main 之间添加空格
{
    float   r,zc,area,pi=3.14;
    printf("input   r:  \n");
    scanf("%f",&r);          //②对于 scanf 函数，需要给出的是变量的地址，因此变量 r 之前要加&
    zc=2*pi*r;
    area=pi*r*r;
    printf("r=%.2f,zc=%.2f,area=%.2f\n",r,zc,area);    //③保留两位小数的格式声明为.2
}
```

4. 程序设计

【3-4-1】参考代码如下：

```
#include <stdio.h>
void main()
{
    char c1,c2;
    printf("请输入两个字符 c1 和 c2: ");
    c1=getchar ();
    c2=getchar ();
    printf("使用 putchar 函数时的输出结果为: ");
    putchar (c1);
    putchar (c2);
    printf("\n");
    printf("使用 printf 函数时的输出结果为: ");
    printf("%c%c\n",c1,c2);
}
```

思考题答案：

(1) 变量 c1 和 c2 既可以定义为字符型，也可以定义为整型。

(2) 应使用 printf 函数，代码如下：

```
printf("%d,%d\n",c1,c2);
```

(3) 字符变量在计算机中占 1 字节，而整型变量占 4 字节。因此，整型变量对于可输出字符 (ASCII 码为 0~255 的字符)是可以与字符型数据进行互相转换的。

【3-4-2】参考代码如下：

```c
#include <stdio.h>
void main()
{
    char c1,c2;
    int a1,a2;
    float f1,f2;

    printf("请输入两个字符：\n");
    scanf("%c%c",&c1,&c2);
    printf("%d%d",c1,c2);

    printf("\n请输入两个整型数据 a1 和 a2：\n");
    scanf("%d,%d",&a1,&a2);
    printf("%5d%5d",a1,a2);

    printf("\n请输入两个实型数据 f1 和 f2：\n");
    scanf("%f:%f",&f1,&f2);
    printf("%5.2f,%5.2f",f1,f2);
}
```

实验 4　选择结构

1. 基础练习

【4-1-1】使用条件运算符改写程序，如下所示：

```c
#include <stdio.h>
void main()
{
    int num;
    printf("输入一个整数：");
    scanf("%d",&num);
    (num%2==0)?printf("偶数\n"):printf("奇数\n");
}
```

【4-1-2】使用 if 语句改写程序，如下所示：

```c
#include <stdio.h>
void main()
{
    int x,y,z,max;
    printf("请输入三个整数(空格分隔):");
    scanf("%d%d%d",&x,&y,&z);
    max=x;    //首先假设 x 是最大数
    max=y>max?y:max;
```

```
        max=z>max?z:max;
        printf("最大数为:%d; \n",max);
}
```

【4-1-3】程序运行结果为 i=2。

【4-1-4】程序运行结果为 x=20、y=10、z=10。

【4-1-5】

当输入 105 时，运行结果如下：105 属于 A 类，能同时被 3、5、7 整除。

当输入 35 时，运行结果如下：35 属于 B 类，能被 3 和 5 整除。

当输入 113 时，运行结果如下：113 属于 D 类，不能被 3、5、7 中的任何一个数整除。

当输入 987654 时，运行结果如下：987654 属于 C 类，能被 3 整除。

【4-1-6】程序运行结果如下：

```
3
7
7
```

【4-1-7】程序运行结果为输入的两个数中较大的那个数。

【4-1-8】程序实现的功能：输入大写字母，则输出相应的小写字母；输入大写字母之外的其他字符，则输出字符'0'。

【4-1-9】程序实现的功能：根据用户输入的产品类型和产品数量计算商品总价。条件运算符?:就是简约版的双分支选择结构。

2. 程序填空

【4-2-1】

① &a,&ch,&b   ② ch   ③ a+b;
④ a-b;   ⑤ 5*b;   ⑥ b==0   ⑦ a/b

【4-2-2】

① ch>='0' && ch<='9'   ② ch>='a' && ch<='z'   ③ ch>='A' && ch<='Z'

3. 程序改错

【4-3-1】

```
#include<stdio.h>
void main()
{
    char n;
    scanf("%c",&n);              //①n 为 char 型，将%d 改为%c
    switch(n)
    {
    case '0':printf("zero");break;    //②n 为 char 型，将 0 改为'0'并添加 break 语句
    case '1':printf("one");break;     //③n 为 char 型，将 1 改为'1'并添加 break 语句
    case '2':printf("two"); break;    //④n 为 char 型，将 2 改为'2'并添加 break 语句
```

```
    case '3':printf("three"); break;      //⑤n 为 char 型，将 3 改为'3'并添加 break 语句
    case '4':printf("four"); break;       //⑥n 为 char 型，将 4 改为'4'并添加 break 语句
    case '5':printf("five"); break;       //⑦n 为 char 型，将 5 改为'5'并添加 break 语句
    case '6':printf("six"); break;        //⑧n 为 char 型，将 6 改为'6'并添加 break 语句
    case '7':printf("seven"); break;      //⑨n 为 char 型，将 7 改为'7'并添加 break 语句
    case '8':printf("eight"); break;      //⑩n 为 char 型，将 8 改为'8'并添加 break 语句
    case '9':printf("nine"); break;       //⑪n 为 char 型，将 9 改为'9'并添加 break 语句
    default: printf("输入有误！");
  }
}
```

【4-3-2】

```
#include <stdio.h>
void main( )
{
  char c;
  puts("输入一个个位数：");
  c=getchar();
  if(c<='9' && c>='0')           //①c 为 char 型，②去掉行尾的分号
     printf("%c%c%c\n",c,c,c);
  if(c>'9'|| c<'0')              //③c 为 char 型，④去掉行尾的分号
     printf("输入的不是数字\n");
}
```

[注意] if 语句的后面不要加分号，否则 if 语句将变成一条空语句。

4. 程序设计

【4-4-1】参考代码如下：

```
#include <stdio.h>
void main()
{
  int a,b,c;
  int max;
  printf("Please input a,b,c\n");
  scanf("%d,%d,%d",&a,&b,&c);
  max=a;
  if (b>a) max=b;
  if (c>max) max=c;
  printf("a、b、c 中的最大数为：%d\n",max);
}
```

【4-4-2】参考代码如下：

```
#include <stdio.h>
void main()
```

```
{
    int x,y,z,t;
    printf("Please input x,y,z\n");
    scanf("%d,%d,%d",&x,&y,&z);
    if (x>y)
        {t=x;x=y;y=t;}
    if(x>z)
        {t=z;z=x;x=t;}
    if(y>z)
        {t=y;y=z;z=t;}
    printf("由小到大的排列结果如下：%d,%d,%d\n",x,y,z);
}
```

【4-4-3】 参考代码如下：

```
#include <stdio.h>
void main()
{
    int year, leap;
    printf("请输入年份：");
    scanf("%d",&year);
    if((year%4==0&&year%100!=0)||year%400==0)
        printf("闰年\n");
    else
        printf("不是闰年");
}
```

【4-4-4】

方法一：使用 if 语句。

```
#include <stdio.h>
void main( )
{
    int score;
    char grade='N';
    printf("\n 请输入成绩：");
    scanf("%d",&score);
    if(score>100||score<0)
        {printf("\n 输入有误!\n");
        return;}
    else if (score>=90)
        grade='A';
    else if(score>=80)
        grade='B';
    else if(score>=70)
```

```
    grade='C';
else if(score>=60)
    grade='D';
else grade='E';
    printf("\n 等级为：%c\n",grade);
}
```

方法二：使用 switch 语句。

```
#include <stdio.h>
void main()
{
  int score;
  char    grade;
  printf("\n 请输入成绩：\n");
  scanf("%d",&score);
  if(score>100||score<0)
     {printf("\n 输入有误!\n");
      return;}
  switch (score/10)
  {
     case 10:
     case 9:   grade='A';    break;
     case 8:   grade='B';    break;
     case 7:   grade='C';    break;
     case 6:   grade='D';    break;
     default: grade='E';
  }
  printf("\n 等级为：%c\n",grade);
}
```

【4-4-5】

提示：运用冒泡排序法，小数不断上升，大数不断下沉，最后依次输出就可以了。数字较多时(多于 3 个)，不建议使用 if 语句进行排序，可以选择冒泡排序法、选择排序法等排序算法。

参考代码如下：

```
#include <stdio.h>
void main()
{
  int a,b,c,d,t;
  printf("请输入 4 个整数：a,b,c,d\n");
  scanf("%d,%d,%d,%d",&a,&b,&c,&d);
  if(a>b) {t=a;a=b;b=t;}
  if(a>c) {t=a;a=c;c=t;}
  if(a>d) {t=a;a=d;d=t;}
```

```
    if(b>c) {t=b;b=c;c=t;}
    if(b>d) {t=b;b=d;d=t;}
    if(c>d) {t=c;c=d;d=t;}
    printf("%由小到大的排列结果如下：%d,%d,%d,%d\n",a,b,c,d);
}
```

【4-4-6】参考代码如下：

```
#include <stdio.h>
void main()
{
    int age,s=0;
    printf("请输入年龄：");
    scanf("%d", &age);
    if (1<age&&age<4) s+=1;
    if (age==4) s+=2;
    if (4<age&&age<7) s+=3;
    switch(s)
    {
       case 1:  printf("enter Lower class\n");break;
       case 2:  printf("enter Middle class\n");break;
       case 3:  printf("enter Higher class\n");break;
       default:printf("dont enter!\n");
    }
}
```

【4-4-7】参考代码如下：

```
#include <stdio.h>
void main()
{
    int x,y;
    scanf("%d",&x);
    if(x<0) y=-x;
    else if(x==0) y=0;

    else y=x*x-1;
    printf("x=%d,y=%d\n",x,y);
}
```

实验5 循环结构

1. 基础练习

【5-1-2】使用 do-while 语句改写程序，如下所示：

```
#include<stdio.h>
#include<math.h>
void main()
{
    float t=1.0,sum=0,sign=1;
    int i=1;
    do
    {
        sum = sum+t;
        i+=2;
        sign = -sign;
        t=sign/i;
    }while(fabs(t)>=0.000001);
    printf("π=%lf\n",4*sum);
}
```

解析：求 π 值时，可以使用不同的近似方法。相同的近似方法不同，求出的结果也将不完全相同(近似程度不同)。因此，我们首先应当确定使用哪一种近似方法来实现计算。

【5-1-3】程序运行结果为 23。

解析：do-while 循环的循环体至少执行一次，由于--在这里作为后缀运算符使用，因此屏幕上将显示 23。print 语句执行完毕后，x 变量的值变为 22，此时!x=0，循环条件不成立，于是退出循环。

【5-1-4】程序运行结果如下：

```
***
***
***
```

解析：在循环体中没有 break 语句、continue 语句或其他跳转语句的情况下，双重循环的循环体的执行次数等于内层循环次数乘以外层循环次数。

【5-1-5】程序运行结果如下：

```
1*1= 1
1*2= 2   2*2= 4
1*3= 3   2*3= 6   3*3= 9
1*4= 4   2*4= 8   3*4=12   4*4=16
1*5= 5   2*5=10   3*5=15   4*5=20   5*5=25
1*6= 6   2*6=12   3*6=18   4*6=24   5*6=30   6*6=36
1*7= 7   2*7=14   3*7=21   4*7=28   5*7=35   6*7=42   7*7=49
1*8= 8   2*8=16   3*8=24   4*8=32   5*8=40   6*8=48   7*8=56   8*8=64
1*9= 9   2*9=18   3*9=27   4*9=36   5*9=45   6*9=54   7*9=63   8*9=72   9*9=81
```

解析：内层循环的循环条件为 m≤n。printf("%d*%d=%2d   ",m,n,n*m);语句中的%2d 以及后面的两个空格起控制对齐的作用。printf("\n");起控制换行的作用。

【5-1-6】break 语句可以用于循环语句和分支语句。当用在循环语句中时作用是结束循环，但只能结束本层循环。在这里，如果 i%j==0，就相当于为 i 找到了一个约数，从而判断出 i 不是素数，此时 break 语句的作用就是结束内层的 for 循环，并继续判断下一个 i 是否为素数。

【5-1-7】continue 语句只能用在循环语句中，作用是结束本次循环，但不终止整个循环的执行，因此起到加速循环的作用。在这里，如果 n%3==0，那么此时 n 不满足条件，于是跳过 printf 语句，继续判断下一个 n 是否满足条件。

【5-1-8】程序运行结果如下：

x=1   x+y=2   y=1   x*y=3

解析：分析 break 语句和 continue 语句的用法即可。

2. 程序填空

【5-2-1】
① float sum=0;   ② 1.0/mul   ③ sum

【5-2-2】
① n>0;   ② n/=10;   ③ i   ④ m

3. 程序改错

【5-3-1】

```
#include<stdio.h>
void main()
{
   int n=5;
   double y=1.0;
   double j=1.0;          //①将变量 j 的数据类型定义为浮点型，并赋初值 1.0
   int i;
   for(i=2;i<=5; i++)
   {
      j=-1*j;
      y+=j/(i * i);       //②将 1 改为 j
   }
   printf("\nThe result is %lf\n" ,y);
}
```

【5-3-2】

```
#include <stdio.h>
void main()
{
   long n;
   printf("\nPlease enter a number:");
```

```
scanf("%ld",&n);
long k=0;              //①k 用于存放累计值，将初值设置为 0
do
{
   k+=(n%10)*(n%10);
   n/=10;
}while(n);             //②在行尾添加分号
printf("\n%ld\n",k);
}
```

4. 程序设计

【5-4-1】参考代码如下：

```
# include <stdio.h>
void main( )
{
  int i=0, space=0, num=0, n=0, ch=0;
  char s[100];
  printf("请输入一串字符");
  gets(s);
  while(s[i]!='\0')
  {
     if(s[i]==' ')
        space++;
     else if(s[i]<='9' && s[i]>='0')
        num++;
     else if(s[i]<='z' && s[i]>='a' || s[i]<='Z' && s[i]>='A')
        ch++;
     else
        n++;
     i++;
  }
  printf("您刚刚输入了%d 个英文字符\n", ch);
  printf("您刚刚输入了%d 个空格\n", space);
  printf("您刚刚输入了%d 个数字\n", num);
  printf("您刚刚输入了%d 个其他字符\n", n);
}
```

【5-4-2】参考代码如下：

```
# include <stdio.h>
void main( )
{
  int i,j,k,n=0;
  printf("\n");
  for(i=1;i<5;i++)
```

```
        for(j=1;j<5;j++)
            for (k=1;k<5;k++)
            {
                if (i!=k&&i!=j&&j!=k)
                {
                    printf("%d%d%d   ",i,j,k);
                    n++;
                    if (n%8==0) printf("\n");   //控制每行显示8组数字
                }

            }
}
```

【5-4-3】参考代码如下：

```
# include <stdio.h>
void main( )
{
    int i,j,k,n;
    printf("水仙花数如下：");
    for(n=100;n<1000;n++)
    {
        i=n/100;          //求出百位数
        j=n/10%10;        //求出十位数
        k=n%10;           //求出个位数
        if(i*100+j*10+k==i*i*i+j*j*j+k*k*k)
        {
            printf("%-5d",n);
        }
    }
    printf("\n");
}
```

【5-4-4】参考代码如下：

```
# include <stdio.h>
void main( )
{
    int a,b,m,n,t;
    printf("输入两个整数：m 和 n\n");
    scanf("%d,%d",&m,&n);
    if(m<n)           //将大数存放到m中
    {
        t=m;
        m=n;
        n=t;
    }
```

```
    a=m;b=n;
    while(b!=0)        //使用辗转相除法,直到 b 为 0 为止
    {
       t=a%b;
        a=b;
        b=t;
    }
    printf("最大公约数: %d\n",a);
}
```

【5-4-5】参考代码如下:

```
# include <stdio.h>
void main( )
{
   int n,k;
   printf("please input a number:\n");
   scanf("%d",&n);
   printf("%d=",n);
   for(k=2;k<=n;k++)
   {
      while(n!=k)
      {
         if(n%k==0)
         {
            printf("%d*",k);
            n=n/k;
         }
         else
            break;
      }
   }
   printf("%d",n);
}
```

【5-4-6】参考代码如下:

```
# include <stdio.h>
void main( )
{
   int i,j,k;
   for(i=0;i<=3;i++)
   {
      for(j=0;j<=2-i;j++)
         printf(" ");
      for(k=0;k<=2*i;k++)
         printf("*");
```

```
        printf("\n");
    }
    for(i=0;i<=2;i++)
    {
        for(j=0;j<=i;j++)
            printf(" ");
        for(k=0;k<=4-2*i;k++)
            printf("*");
        printf("\n");
    }
}
```

实验 6 数组

1. 基础练习

【6-1-1】程序运行结果如下：

    4 3 2 1 0

解析：将下标值赋给每一个数组元素，然后将所有数组元素倒序输出。

【6-1-2】程序运行结果为 3040。

解析：case 0:的后面嵌套了 switch 结构。

【6-1-3】程序运行结果如下：

Howareyou!

解析：遍历每一个数组元素，只要不是空格，就重新存放到数组中，最后加上字符串结束标志。

【6-1-4】程序运行结果如下：

    2 0 4

解析：首先将二维数组中的元素全部初始化为 0，然后为每行的第一个元素输入数据。

【6-1-5】程序运行结果为 357。

解析：关键是正确计算出下标并找到对应元素的值。

【6-1-6】程序运行结果为 fwo。

解析：关键是正确计算出下标并找到对应元素的值。

【6-1-7】程序运行结果为 3。

解析：由于'\0'的 ASCII 码值为 0，因此在字符串中第一次出现'\0'的地方，循环就会终止。

【6-1-8】程序运行结果为 2。

解析：统计字符串中小写字母的个数。

2. 程序填空

【6-2-1】

① __array[10]__ ② __scanf("%d",&array[i])__ ③ __big>array[i]__ ④ __big__

【6-2-2】

① &a[i]   ② i=1;i<10;i++   ③ 10-i   ④ a[j]>a[j+1]
⑤ t=a[j];a[j]=a[j+1];a[j+1]=t;   ⑥ a[i]

3. 程序改错

【6-3-1】

```c
#include<stdio.h>
void main()
{
    int a[10]={10,4,2,7,3,12,5,34,5,9},i;
    float aver,s;              //①将 int 改成 float
    s=0;                       //②将 s 初始化为 0
    for(i=0;i<10;i++)          //③④将两个逗号改为分号
    s+= a[i];
    aver=s/i;                  //⑤将 i-1 改为 i
    printf("The aver is: %.2f\n", aver);  //⑥将%2f 改成%.2f
}
```

4. 程序设计

【6-4-1】参考代码如下：

```c
#include<stdio.h>
void main()
{
    int a[10],i,j,ave,t;
    printf("请输入 10 个整数：\n");
    for(i=0;i<10;i++)
        scanf("%d",&a[i]);
    for(i=1;i<10;i++)
        for(j=0;j<10-i;j++)
            if(a[j]>a[j+1])
            {
                t = a[j];
                a[j] = a[j+1];
                a[j+1] = t;
            }
    printf("排好序之后的 10 个整数：\n");
    for(i=0;i<10;i++)
        printf("%5d",a[i]);
    ave=0;
    for(i=1;i<9;i++)
        ave+=a[i];
    ave/=8;
    printf("\n 平均值为：%d\n",ave);
```

}

【6-4-2】参考代码如下：

```c
void main()
{
    int a[6];
    int i,t;
    for(i=0;i<6;i++)
        scanf("%d",&a[i]);
    for(i=0;i<3;i++)
    {
        t = a[i];
        a[i] = a[6-i-1];
        a[6-i-1] = t;
    }
    for(i=0;i<6;i++)
        printf("%d\n",a[i]);
}
```

【6-4-3】参考代码如下：

```c
#include<stdio.h>
void main()
{
    int a[6],i,j,t,max;
    for(i=0;i<6;i++)
        scanf("%d",&a[i]);
    max = a[0];j=0;
    for(i=0;i<6;i++)
        if(a[i]>max)
        {
            max = a[i];
            j=i;
        }
    printf("最大元素为：%d。下标为%d\n",max,j);
    t = a[j];
    a[j] = a[5];
    a[5] = t;
    for(i=0;i<6;i++)
        printf("%d",a[i]);
}
```

【6-4-4】参考代码如下：

```c
#include<stdio.h>
void main()
```

```
{
    int a[3][3],i,j,sum=0;
    for(i=0;i<3;i++)
        for(j=0;j<3;j++)
            scanf("%d",&a[i][j]);

    for(j=0;j<3;j++)
        sum += a[0][j];

    for(j=0;j<3;j++)
        sum += a[2][j];
    sum += a[1][0]+a[1][2];
    printf("%d",sum);
}
```

【6-4-5】参考代码如下：

```
#include<stdio.h>
void main()
{
    char a[10]={'\0'},b[5]={'\0'};
    int i=0,j=0;
    scanf("%s",a);
    scanf("%s",b);
    while(a[i]!='\0')
        i++;
    while(b[j]!='\0')
        a[i++]=b[j++];
    printf("%s",a);
}
```

【6-4-6】参考代码如下：

```
#include<stdio.h>
#include<string.h>
void main()
{
    char a[20],i;
    gets(a);
    for(i=0;i<strlen(a);i++)
    {
        if(a[i]>='a'&&a[i]<='z')
            a[i] = a[i]-32;
    }
    printf("%s",a);
}
```

实验 7 函数

1. 基础练习

【7-1-1】程序运行结果如下:

```
fun:56,34,12
main:12,34,56
```

解析:fun 函数实现了对三个输入数据从小到大进行排序。由于我们在 main 函数和 fun 函数之间使用了按值传递参数的方式(数据的传递是单向的),因此 main 函数中的三个数据没有被排序。

【7-1-2】程序运行结果如下:

```
x=3,y=10,s=12
x=3,y=-2,s=15
x=3,y=-2,s=18
```

解析:s 是静态局部变量,这种变量只能赋一次初值。s 被赋值为 6 之后,以后每次调用 fun 函数时,都不能再重新为 s 赋值,而只能使用上一次函数调用结束时的值。

【7-1-3】程序运行结果如下:

```
result=5
result=6
```

解析:Visual C++ 6.0 规定函数参数的求值顺序是从右向左。fun(a++,b+=2)相当于 fun(2,5),因此返回值为 5;fun(b+a,a=1)相当于 fun(6,1),因此返回值为 6。

【7-1-4】程序运行结果如下:

```
the max number is 85
```

解析:return 语句在函数中的作用是向外传递函数的返回值。

【7-1-5】程序运行结果如下:

```
5,9
```

解析:f1 函数会返回两个数中的较小数,而 f2 函数会返回两个数中的较大数。

【7-1-6】程序运行结果如下:

```
 5  6  9  5  2  1  7  7  8  3
```

解析:当使用 main 函数调用 fun 函数时,fun 函数的形参 b 指向 main 函数的数组 a 的首地址,x 的值为 5,y 的值为 8。在 fun 函数的 for 循环结构中,第一次循环时,i 的值为 8,实现了将 a[8]的值赋给 a[9];第二次循环时,i 的值为 7,实现了将 a[7]的值赋给 a[8];以此类推,直到 i 的值为 5,从而将 a[5]的值赋给 a[6]。

【7-1-7】程序运行结果为 9。

解析:当使用 main 函数调用 sum 函数时,传递的实参为 a[2]的地址,sum 函数的形参数组 b 的首地址为 main 函数中 a[2]的地址,因而 sum 函数中的 b[0]与 main 函数中的 a[2]将共享同一片内存空间。在 sum 函数中,b[0]的值为 3,由于 sum 函数中的 b[1]与 main 函数中的 a[3]共享内存空间,因此 a[3]的值为 4。同理,a[4]的值为 5。b[0]=b[1]+b[2]相当于 b[0]=a[3]+a[4]=4+5=9。sum 函数中的 b[0]与 main 函数中的 a[2]共享同一片内存空间,于是,a[2]的值变为 9。

【7-1-8】程序运行结果为 4。

解析:当使用 main 函数调用 f 函数时,传入的参数为 a[1]的地址和 3。在 f 函数中,数组 b 的首地址为 main 函数中 a[1]的地址,b[0]和 a[1]共享同一片内存空间。当在 f 函数中判断 n 是否大于或等于 1 时,结果为真,于是返 b[2],而此时 f 函数中的 b[2]与 main 函数中的 a[3]共享同一片内存空间,因此返回值为 4。

2. 程序填空

【7-2-1】
① __isPrime=0;__   ② __isPrime__   ③ __prime(n)__

解析:对于①,isPrime 变量用于记录一个数是否为素数(0 表示不是素数,1 表示是素数),并被初始化为 1;对于②,返回 isPrime 变量的值;对于③,调用 prime 函数,实参为需要判断的数。

【7-2-2】
① __a[0]__   ② __a[0]__   ③ __a[1]__   ④ __b__

解析:对于①,利用整型变量 t 交换 a[0]和 a[1]的值,将 a[0]的值存入 t;对于②和③,将 a[1]的值存入 a[0];对于④,在将数组名作为参数时,只需要传入数组名 b 即可。

3. 程序改错

【7-3-1】

```
#include<stdio.h>
int fun(int n)            //①将 void 改成 int
{
  printf("%d",n%10);
  n=n/10;
  if(n>0)  fun(n);
}
void main()
{
  int b;
  scanf("%d",&b);
  fun(b);                 //②此处去掉&
}
```

4. 程序设计

【7-4-1】参考代码如下:

```
#include<stdio.h>
hcf(int u, int v)         //求最大公约数
{
  int a,b,t,r;
  if(u>v)
```

```
        {
          t=u;u=v; v=t; }
        a=u; b=v;
        while((r=b%a)!=0)
        {
           b=a;
           a=r;
        }
    return a;
}
lcd(int u, int v, int h)    //求最小公倍数
{
    return(u*v/h);
}
void main()
{
    int u,v,h,l;
    printf("输入两个正整数 a 和 b：\n",l);
    scanf("%d,%d",&u,&v);    //通过键盘输入两个正整数
    h=hcf(u,v);
    printf("最大公约数=%d\n",h);    //输出最大公约数
    l=lcd(u,v,h);
    printf("最小公倍数=%d\n",l);    //输出最小公倍数
}
```

【7-4-2】参考代码如下：

```
#include <stdio.h>
void sort(int a[],int n)    //使用冒泡排序法对数组元素进行排序
{
    int i,j,t;
    for (j=1;j<n;j++)
       for (i=0;i<n-j;i++)
          if (a[i]>a[i+1])
          {
             t=a[i];
             a[i]=a[i+1];
             a[i+1]=t;
          }
}
void main()
{
    int i;
    int s[10]={12,34,45,67,23,78,54,45,23,87};
    sort(s,10);
    printf("\n 排序结果：");
```

```
  for (i=0;i<10;i++)
     printf("%d ",s[i]);
}
```

【7-4-3】参考代码如下：

```
int fun(int side)
{
  int i,j;
  for(i=1;i<=side;i++)
  {
    for(j=1;j<=side;j++)
        printf("*   ");
    printf("\n");
  }
}
void main()
{
  int b;
  printf("请输入正方形的边长：");
  scanf("%d",&b);
  fun(b);
}
```

【7-4-4】参考代码如下：

```
#include<stdio.h>
void main()
{
  int sum(int i);   //sum 函数定义在被调用的位置之后，因此需要对 sum 函数进行声明
  int i,j;
  printf("请输入一个正整数：");
  scanf("%d",&i);
  printf("\n 从 1 累加到%d 的和为%d\n",i,sum(i));
}
int sum(int n)
{
  if (n==1)    return 1;
  else    return n+sum(n-1);
}
```

实验8 指针

1. 基础练习

【8-1-1】程序运行结果：

a=3,b=5

解析:指针 p 指向变量 b,*p=5 相当于将变量 b 赋值为 5。

【8-1-2】程序运行结果:

3,5

解析:指针 p 指向变量 a,*p 为变量 a 的值;指针 q 指向变量 b,*q 为变量 b 的值。

【8-1-3】程序运行结果:

p1 和 p2 所指存储单元的值:99,99
p1 和 p2 所指存储单元的地址:0012FF7C,0012FF7C

解析:p1 和 p2 所指存储单元的地址是在程序运行时临时分配的,因此在不同的计算机上,抑或在同一计算机的不同时间段内,运行结果是不一样的。

【8-1-4】程序运行结果:

```
 6   2   6   4   5   6   7   8   9   0
```

解析:参见下列程序中的注释。

```c
#include<stdio.h>
void main( )
{
    int array[10]={1,2,3,4,5,6,7,8,9,0};
    int *p, *q;
    int i;
    p=array+2;       // p 指向 a[2]
    q=array;         // q 指向 a[0]
    *p=q[5];         // 将 a[2]赋值为 6
    p+=2;            // p 指向 a[4]
    *q=*(array+2);   // 将 a[0]赋值为 3
    *array=*(array+5); // 将 a[0]赋值为 6
    for(i=0;i<10;i++)  //按顺序输出数组 array 中的元素
        printf("%4d",*(array+i));
    printf("\n");
}
```

【8-1-5】程序运行结果:

x=3,y=5,m=5,n=7,a=8,b=8
 1   2   3   4   5   6   9   8   9   0

解析:参见下列程序中的注释。

```c
#include <stdio.h>
void main( )
{
```

```
int array[10]={1,2,3,4,5,6,7,8,9,0},*p;
int x,y,m,n,a,b;
p=array+2;      //p 指向 a[2]
x=*p++;         //将 x 赋值为 3, p 指向 a[3]
y=*++p;         //p 指向 a[4], 将 y 赋值为 5
m=*(p++);       //将 m 赋值为 5, p 指向 a[5]
n=*(++p);       //p 指向 a[6], 将 n 赋值为 7
a=++*p;         //a[6]的值自增 1 变为 8, 将 a 赋值为 8
b=(*p)++;       //将 a[6]的值赋给 b, a[6]的值自增 1 变为 9
printf("x=%d,y=%d,m=%d,n=%d,a=%d,b=%d\n",x,y,m,n,a,b);
p=array;
while(p<array+10) printf("%-4d",*p++);   //按顺序输出 array 数组中的元素
}
```

【8-1-6】程序运行结果：

1	2	3	4	5
1	2	3	4	5

解析：语句 p=a;使得指针 p 指向数组 a 的首地址，注意练习使用下标法和指针法引用数组元素。

2. 程序填空

【8-2-1】

① sp   ② float *pa   ③ i++   ④ s/5

解析：对于①，调用 aver 函数时，aver 函数要求传入指针变量，这里传入数组的首地址即可；对于②，定义 aver 函数的形参，因为函数体中使用了没有定义的指针 p，所以此处应为 float *p；对于③，循环控制变量自增 1；对于④，求平均值。

【8-2-2】

① s+=*q;   ② *p=a   ③ p=a+m;

解析：对于①，利用指针 q 将数组元素累加到变量 s 中；对于②，定义指针 p；对于③，使指针 p 指向下标为 m 的元素。

【8-2-3】

① s[0]   ② s[i]>max   ③ k

解析：对于①，为了在 max 变量中存放找到的最大元素，先假设 s[0]就是最大元素，后续再进行比较；对于②，如果找到 s[i]>max，就在将 max 的值更新为 s[i]的同时使变量 k 等于下标 i；对于③，返回最大元素的下标 k。

【8-2-4】

① p   ② *p>0   ③ p=a   ④ *p++

解析：对于①，利用指针为数组赋值，所以填入 p 且 p 的前面不要添加&字符；对于②，填入判断条件；对于③，使指针 p 指向数组 a 的首地址；对于④，使用指针输出数组中各个元素的值。

3. 程序改错

【8-3-1】

```
#include<stdio.h>
swap(int *p1,int *p2)
{
    int i,*p=&i;              //①将 int *p;改为 int i,*p=&i;
    *p=*p1;*p1=*p2;*p2=*p;
}
void main( )
{
    int a,b;
    printf("请输入两个数字 a 和 b: \n");
    scanf("%d,%d",&a,&b);
    printf("交换前：a=%d\tb=%d\n",a,b);
    swap(&a,&b);              //②将 swap(a,b);改为 swap(&a,&b);
    printf("交换后：a=%d\tb=%d\n",a,b);
}
```

解析：注意这里的变量 i 不是多余的，指针变量 p 在使用之前需要进行初始化，否则 p 会成为悬浮指针，使用悬浮指针是很危险的。swap 函数需要完成对指针 p1 和 p2 所指变量的值的变换，才能真正实现数据的交换。变量 i 用于交换暂存的数据。

【8-3-2】

```
#include<stdio.h>
int digits(char *s)
{
    int c=0;
    while(*s!='\0')           //①将 while(s!='\0')改为 while(*s!='\0')
    {
        if(*s>='0'&&*s <='9')  //②将 if(*s >=0&&*s <=9)改为 if(*s>='0'&&*s <='9')
            c++;
        s++;
    }
    return c;
}
void main( )
{
    char s[80];
    printf("请输入一行字符\n");
    gets(s);
    printf("你输入的数字字符的个数是：%d\n",digits(s));
}
```

4. 程序设计

【8-4-1】 参考代码如下：

```c
#include <stdio.h>
void main( )
{
   int a,b,c;
   int *p1=&a,*p2=&b,*p3=&c,*p;
   printf("请输入三个整数 a、b、c：\n");
   scanf("%d,%d,%d",p1,p2,p3);
   if(*p1<*p2)
   {
      p=p1;
      p1=p2;
      p2=p;
   }
   if(*p2<*p3)
   {
      p=p2;
      p2=p3;
      p3=p;
   }
   if(*p1<*p2)
   {
      p=p1;
      p1=p2;
      p2=p;
   }
   printf("%d %d %d ",*p1,*p2,*p3);
}
```

【8-4-2】 参考代码如下：

```c
#include <stdio.h>
void main( )
{
   int a[5],j,max,min,m=0,n=0,t;
   int *p=a;
   printf("请输入 5 个整数，以空格作为分隔符：\n");
   for(j=0;j<5;j++)
      scanf("%d",&a[j]);
   max=a[0];
   for(j=0;j<5;j++,p++)
   {
      if(*p>max) {max=*p;m=j;}
```

```
    }
    t=a[m];a[m]=a[0];a[0]=max;
    p=a;
    min=a[0];
    for(j=0;j<5;j++,p++)
    {
        if(*p<min) {min=*p;n=j;}
    }
    t=a[n];a[n]=a[4];a[4]=min;
    printf("输出数组内容：");
    for(j=0;j<5;j++)
    printf("%8d",a[j]);
    printf("\n");
}
```

【8-4-3】参考代码如下：

```c
#include <stdio.h>
void main()
{
    int *p1,*p2,a[6];
    int i;
    p1=a;
    p2=a;
    printf("请输入 6 个整数，以空格作为分隔符：\n");
    for(i=0;i<6;i++)
        scanf("%d",p1+i);
    p1=a;
    for(i=0;i<6;i++,p2++)
        if(*p2>*p1) p1=p2;
    printf("%d,%d",*p1,p1-a);
}
```

实验 9 结构体、共用体和枚举

1. 基础练习

【9-1-1】程序运行结果如下：

原始数据：Li 1003 1 25
修改后的数据：Yang 1102 0 35

解析：这个程序首先使用自定义数据类型 Stu 定义了变量 stu1 并赋予初值；然后使用下标运算符(.)访问 stu1 的各个属性并输出它们的值；接着使用下标运算符(.)修改 stu1 的各个属性的值(需要注意的是，name 属性的修改需要使用字符串复制函数 strcpy 来完成)；最后重新输出 stu1 的各个属性的值。

【9-1-2】程序运行结果如下:

原始数据:
Zhang 1001 1 22
Wang 1002 0 21
Li 1003 1 23

修改后的数据:
Zhang 1001 1 22
Wang 1002 0 21
Yang 6 0 35

解析:这个程序首先定义了名为 Stu 的结构体,然后使用结构体 Stu 定义了一个含有三个元素的数组,这个数组中的每个元素都是 Stu 结构体类型,可使用循环语句输出所有数据——使用 stu[i]可以索引到数组中下标为 i 的结构体,使用 stu[i].name 可以索引到数组中下标为 i 的结构体的 name 属性。接下来,修改数组中第 3 个结构体的数据:使用 stu[2]可以索引到数组中的第 3 个结构体,而使用 stu[2].name 则可以索引到数组中第 3 个结构体的 name 属性。最后,输出修改后的结构体数组中的所有数据。

【9-1-3】程序运行结果:

普通输出:Yang 3 1 35
指针输出:Yang 3 1 35

解析:这个程序定义了名为 Stu 的结构体,然后使用结构体 Stu 定义了普通变量 stu 以及指针类型的变量 p。变量 p 的数据类型仍是 Stu,将 stu 的地址赋给 p,这样 p 便会指向 stu。需要注意的是,当使用指针操作结构体时,需要将.换成->。

【9-1-4】程序运行结果如下:

普通输出:XiaoHua 3 1 25
指针输出:XiaoHua 3 1 25
普通输出:XiaoHua 4 1 26
指针输出:XiaoHua 4 1 26
普通输出:XiaoHua 5 1 27
指针输出:XiaoHua 5 1 27

解析:这个程序首先定义了名为 Stu 的结构体,然后定义了 Stu 结构体类型的数组 stu 以及指针类型的变量 p,并使 p 指向 stu 数组中的第一个元素。接下来,为数组中的每一个结构体赋初值,因为使用了循环赋值,所以这里的三个 name 是相同的,其他数据则基于基础数据多加了 i 的值。在这里,既可以使用 stu 索引到数组中的每一个结构体,也可以通过指针获取第 i 个结构体的首地址,从而进一步获取结构体内部的数据。最后,这个程序分别采用两种形式输出了所有数据。

【9-1-5】程序运行结果:

Book title : C Programming
Book author : Nuha Ali

Book subject : C Programming Tutorial
Book book_id : 6495407

解析：这个程序首先定义了结构体 Books，然后定义了 printBook 函数用于输出结构体成员的信息，参数类型为 Books。接下来，定义 Books 结构体类型的变量 Book1 并赋值。最后，以 Book1 为实参，调用 printBook 函数并输出图书信息。

【9-1-6】程序运行结果：

4, 4
40, @, 40
39, 9, 39
2059, Y, 2059
3E25AD54, T, AD54

解析：结构体占用的内存大于或等于其所有成员占用的内存的总和(成员之间可能存在缝隙)，共用体占用的内存等于其最大成员占用的内存。共用体使用了内存覆盖技术，在同一时刻只能保存其中一个成员的值，在对新的成员进行赋值时，就会覆盖原有成员的值。这个练习不但验证了共用体的长度，还说明了共用体的成员之间会相互影响。在共用体 data 中，成员 n、ch、m 在内存中将"对齐"到一头，因而在对 ch 进行赋值时，修改的是前一个字节；在对 m 进行赋值时，修改的是前两个字节；而在对 n 进行赋值，修改的是全部字节。也就是说，ch 和 m 成员会影响到 n 成员的部分数据，而 n 成员会影响到 ch 和 m 成员的全部数据。

【9-1-7】程序运行结果：

4, 4, 4, 4, 4

解析：枚举中的 Mon、Tues、Wed 等标识符的作用范围是全局的，严格来说，在这个程序中也就是 main 函数内部。在作用范围内，不能再定义名称与它们相同的变量。Mon、Tues、Wed 等都是常量，不能对它们进行赋值，而只能将它们的值赋给其他变量。这个练习验证了枚举变量需要存放的是整数，长度和 int 变量相同。

【9-1-8】程序运行结果：

枚举的值分别是：0,1,4,5

解析：第一个枚举成员的默认值为 0，后续枚举成员的值则在前一成员的值的基础上加 1。也就是说，Q 的值为 0，W 的值为 1，E 的值为 4，R 的值为 5。

【9-1-9】程序运行结果：

day is 1
枚举元素：1
枚举元素：2
枚举元素：3
枚举元素：4
枚举元素：5
枚举元素：6
枚举元素：7

解析：在 C 语言中，枚举是被当作 int 或 unsigned int 类型进行处理的。因此，按照 C 语言规范是没有办法遍历枚举成员的。不过也有特殊情况，仅当枚举连续时才可以实现枚举成员的有条件遍历。这里所说的"有条件遍历"，是指在进行遍历时，枚举成员的值恰好与定义好的枚举中的值一样。

2. 程序填空

【9-2-1】

① char *name   ② };   ③ struct stu *ps   ④ sizeof(struct stu)
⑤ i<len   ⑥ (ps + i) -> score   ⑦ (ps + i)->score < 140

解析：结构体变量名代表的是整个集合本身，作为函数参数时传递的是整个集合，也就是所有成员，而不是像数组那样被编译器转换成指针。如果结构体的成员较多，尤其当成员为数组时，传送所需的时间和空间开销会很大，因而会影响程序的运行效率。因此，最好的办法就是使用结构体指针，此时由实参传给形参的只是地址，非常快。这里的运算结果为：sum=707.50、average=141.50、nnum_140=2。

【9-2-2】

① &day   ② day   ③ case Wed

解析：定义枚举就相当于定义了一组常量。在编译阶段，枚举变量将被替换成对应的常量。在 C 语言中，case 关键字的后面必须是整数或计算结果为整数的表达式，但不能包含任何变量。正是由于 Mon、Tues、Wed 等标识符最终会被替换成整数，因此它们才能放在 case 关键字的后面。

3. 程序改错

【9-3-1】

```
#include<stdio.h>
typedef struct complex
{
    float real;
    float imag;
} complex;                              //①语句末尾的分号不能省略
complex add(complex n1,complex n2);     //②add 函数的返回值为结构体类型
int main( )
{
    complex n1, n2, temp;

    printf("第一个复数 \n");
    printf("输入实部和虚部：\n");
    scanf("%f%f", &n1.real, &n1.imag);

    printf("\n 第二个复数 \n");
    printf("输入实部和虚部：\n");
    scanf("%f%f", &n2.real, &n2.imag);  // ③返回结构体变量成员的地址
```

```
        temp = add(n1, n2);
        printf("Sum = %.1f + %.1fi", temp.real, temp.imag);
        return 0;
}
complex add(complex n1, complex n2)
{
        complex temp;
        temp.real = n1.real + n2.real;
        temp.imag = n1.imag + n2.imag;
        return(temp);          // ④返回函数值
}
```

【9-3-2】

```
#include <stdio.h>
#include <string.h>
struct Books
{
        char title[50];
        char author[50];
        char subject[100];
        int book_id;
};
void printBook( struct Books *book );          // ①定义指向结构体的指针
int main( )
{
        struct Books Book1;                    // ②声明 Book1，类型为 Books

        strcpy( Book1.title, "C Programming");
        strcpy( Book1.author, "Nuha Ali");
        strcpy( Book1.subject, "C Programming Tutorial");
        Book1.book_id = 6495407;
        printBook( &Book1 );                   // ③通过传送 Book1 的地址来输出 Book1 中的所有信息
        return 0;
}
void printBook( struct Books *book )
{
        printf(" Book title : %s\n Book author : %s\n Book subject : %s\n Book book_id : %d\n",book->title,book->
             author, book->subject,book->book_id);          //④使用指向结构体的指针来访问结构体的成员
}
```

4. 程序设计

【9-4-1】参考代码如下：

```c
#include<stdio.h>
#include<math.h>
struct point
{
    float x;
    float y;
};
int main( )
{
    struct point a, b;
    scanf("%f%f", &a.x, &a.y);
    scanf("%f%f", &b.x, &b.y);
    printf("%.3f,%.3f\n",(a.x+b.x)/2, (a.y+b.y)/2);
    printf("%.3f",sqrt((a.x-b.x)*(a.x-b.x)+(a.y-b.y)*(a.y-b.y)));
    return 0;
}
```

【9-4-2】参考代码如下:

```c
#include <stdio.h>
typedef struct
{
    int year;
    int month;
    int day;
} Date;

int main( )
{
    int month[12]= {0,31,59,90,120,151,181,212,243,273,304,334}, year;
    Date s, e;
    long sn, en;
    printf("Fromat: 2006-6-16---1989-01-25\n");
    scanf("%ld-%ld-%ld---%ld-%ld-%ld", &s.year, &s.month, &s.day, &e.year, &e.month, &e.day);
    /* 计算起始日期距公元元年的天数 sn */
    if( (s.year%4==0 && s.year%100!=0 || s.year%400==0 ) && s.month<3)
     year=s.year/4 - s.year/100 + s.year/400 + s.year*365 - 1;
    else year=s.year/4 - s.year/100 + s.year/400 + s.year*365;
    sn = month[s.month - 1] + year + s.day;
    /* 计算终止日期距公元元年的天数 en */
    if( (e.year%4==0 && e.year%100!=0 || e.year%400==0 ) && e.month<3)
     year=e.year/4 - e.year/100 + e.year/400 + e.year*365 - 1;
    else year=e.year/4 - e.year/100 + e.year/400 + e.year*365;
    en = month[e.month - 1] + year + e.day;
```

```
    printf("There are %ld days between %ld-%ld-%ld and %ld-%ld-%ld.\n ", sn-en, s.year, s.month, s.day, e.year,
        e.month, e.day);
    return 0;
}
```

【9-4-3】参考代码如下：

```
#include<stdio.h>
#define N 5
int main( )
{
  struct student
  {
    char no[10];
    char name[16];
    float math,eng,c;
    float sum;
  };
  struct student st[N];
  int i,max,min;

  for (i=0;i<N;i++)
  {
    scanf("%s %s",st[i].no,st[i].name);
    scanf("%f%f%f",&st[i].math,&st[i].eng,&st[i].c);
    st[i].sum=st[i].math+st[i].eng+st[i].c;
  }

  max=min=st[0].sum;
  for(i=1; i<N; i++)
    if(max<st[i].sum)
       max=st[i].sum;
    else if(min>st[i].sum)
       min=st[i].sum;

  printf("max:\n");
  for(i=0; i<N; i++)
    if(max==st[i].sum)
       printf("%s %s %.1f\n",st[i].no,st[i].name,st[i].sum);

  printf("min:\n");
  for(i=0; i<N; i++)
    if(min==st[i].sum)
       printf("%s %s %.1f\n",st[i].no,st[i].name,st[i].sum);
  return 0;
```

}

【9-4-4】参考代码如下：

```c
#include<stdio.h>
union un
{
    unsigned a;
    char c[4];
};

int main( )
{
    union un ex;
    scanf("%x",&ex.a);    //输入十六进制数，例如 7A797877
    printf("%c%c%c%c\n",ex.c[0],ex.c[1],ex.c[2],ex.c[3] );
    return 0;
}
```

【9-4-5】参考代码如下：

```c
#include <stdio.h>
#include <stdlib.h>
#define TOTAL 4   //人员总数
struct{
    char name[20];
    int num;
    char sex;
    char profession;
    union{
        float score;
        char course[20];
    } sc;
} bodys[TOTAL];
int main( ){
    int i;
    //输入人员信息
    for(i=0; i<TOTAL; i++){
        printf("Input info: ");
        scanf("%s %d %c %c", bodys[i].name, &(bodys[i].num), &(bodys[i].sex), &(bodys[i].profession));
        if(bodys[i].profession == 's'){    //如果是学生
            scanf("%f", &bodys[i].sc.score);
        }else{                              //如果是教师
            scanf("%s", bodys[i].sc.course);
        }
        fflush(stdin);
```

```
        }
        //输出人员信息
        printf("\nName\t\tNum\tSex\tProfession\tScore / Course\n");
        for(i=0; i<TOTAL; i++){
            if(bodys[i].profession == 's'){        //如果是学生
                printf("%s\t%d\t%c\t%c\t\t%.1f\n",bodys[i].name,bodys[i].num,bodys[i].sex,bodys[i].profession,
                    bodys[i].sc.score);
            }else{                                 //如果是教师
                printf("%s\t%d\t%c\t%c\t\t%s\n",bodys[i].name,bodys[i].num,bodys[i].sex,bodys[i].profession,
                    bodys[i].sc.course);
            }
        }
        return 0;
}
```

实验 10 文件

1. 基础练习

【10-1-1】程序运行结果：如果 D 盘根目录下已有 demo.txt 文件，那么屏幕上会显示"文件打开成功!"，否则显示"文件打开错误!"。

解析：在对文件进行读写之前，文件必须先打开，使用完毕后则需要关闭。语句 FILE *fp; 定义了文件类型的指针 fp。fp=fopen(文件路径名,读取方式)的作用是从指定的位置找到指定的文件，然后按照指定的读取方式打开文件。如果文件打开成功，则 fp 不为空，否则 fp 为空。如果文件打开失败，可使用语句 exit(0);关闭所有文件并终止程序的运行。

【10-1-2】程序运行结果：demo.txt 文件中的内容将全都显示在屏幕上。这个程序的功能是从文件中逐个读取字符并显示在屏幕上，直到读取完毕。

解析：while 循环的执行条件为(ch=fgetc(fp))!=EOF。fget 函数会从文件内部的位置指针所在的位置读取一个字符并保存到变量 ch 中，然后将位置指针向后移动 1 字节。当位置指针移到文件的末尾时，fget 函数就无法读取字符了，于是返回 EOF，表示文件读取结束。

【10-1-3】程序运行结果：运行程序，输入一行字符后按回车键结束，打开 D 盘根目录下的 demo.txt 文件，就可以看到刚才输入的内容已追加写到文件的末尾。在每一次循环中，程序将通过键盘读取一个字符并写入文件，直到按回车键，此时 while 循环的执行条件不成立，读取结束。

解析：语句 fputc(ch,fp);可以将变量 ch 中的数据写入文件指针 fp 指向的文件中；接下来，使用变量 ch 获取字符串中的下一个字符，并判断是不是停止符。如果是，就停止写入文件。被写入的文件可以使用写、读写或追加方式打开，当使用写或读写方式打开已有的文件时，将清除原有文件的内容，并将写入的字符放在文件的开头。如果需要保留文件中原有的内容，并把写入的字符放在文件的末尾，则必须以追加方式打开文件。不管以何种方式打开，被写入的文件若不存在，则必须先创建该文件。每写入一个字符，文件内部的位置指针就向后移动 1 字节。

【10-1-4】程序运行结果：如果 D 盘上存在 demo.txt 文件，就逐行读取其中的所有内容并显示在屏幕上，否则在屏幕上显示"Fail to open file!"。

解析：fgets 函数用来从指定的文件中读取一个字符串并将其保存到字符数组中。在读取到 $n-1$ 个字符之前，如果出现了换行或者读到文件的末尾，那么读取结束。这意味着不管 n 的值有多大，fgets 函数最多只能读取一行数据，不能跨行。C 语言没有提供按行读取文件的函数，我们可以借助 fgets 函数，将 n 的值设置得足够大，这样每次就可以读取到一行数据。需要注意的是，fgets 函数在遇到换行符时，会将换行符一并读取到当前字符串中。在这里，输出结果之所以和 demo.txt 文件中的内容一致，就是因为 fgets 函数能够读取到换行符。gets 函数则不一样，gets 函数会忽略换行符。

【10-1-5】程序运行结果：运行程序后，如果输入 I LOVE C，那么 D:\demo.txt 文件的末尾将增加一行内容——I LOVE C。如果写入成功，就在屏幕上输出"写入成功"，否则输出"写入失败"。

解析：fputs(str, fp)会把字符串 str 写入指针 fp 指向的输出流中。如果写入成功，就返回一个非负值；如果写入失败，就返回 EOF。

【10-1-6】程序运行结果：通过键盘输入一个数组，先将这个数组写入文件 D:\demo.txt 中，再将其读取出来并显示到屏幕上。运行程序后，如果输入 11 34 89 555 6，那么屏幕上也将输出 11 34 89 555 6。

解析：对于 Windows 系统，当使用 fread 和 fwrite 函数时，应以二进制形式打开文件。fread 函数用来从指定的文件中读取块数据。所谓块数据，也就是包含若干字节的数据，可以是字符，也可以是字符串，还可以是多行数据。fwrite 函数用来向文件中写入块数据。首先，将通过键盘输入的数据存入数组 a 中，将从文件读取的数据存入数组 b 中；然后，以二进制形式打开文件 D:\demo.txt；接下来，通过键盘输入数据并保存到数组 a 中，使用 fwrite(a, size, N, fp)将数组 a 中的内容写入文件中，数据写入完毕后，位置指针位于文件的末尾，要想读取数据，就必须将位置指针重新定位到文件的开头，这正是 rewind(fp);语句的作用所在，再使用 fread(b, size, N, fp)从文件中读取内容并保存到数组 b 中；最后，在屏幕上显示数组 b 中的内容。打开 D:\demo.txt，你将发现文件中的内容根本无法阅读，这是因为当使用"rb+"方式打开文件时，数组会原封不动地以二进制形式写入文件。

【10-1-7】程序运行结果如下：

```
Tom    2    15    70.5
Jone   1    14    89.0
```

解析：可使用 fscanf 和 fprintf 函数完成对学生信息的读写。fscanf 和 fprintf 函数的功能与前面使用的 scanf 和 printf 函数十分相似，它们都是格式化读写函数。区别在于：fscanf 和 fprintf 函数的读写对象不是键盘和显示器，而是磁盘文件。打开 D:\demo.txt，你将发现文件中的内容是可以阅读的，格式非常清晰。使用 fprintf 和 fscanf 函数读写配置文件、日志文件时非常方便，不但程序能够识别，用户也可以看懂，甚至可以手动修改。

【10-1-8】程序运行结果如下：

```
Jone   1    14    89.0
```

解析：通过键盘输入三名学生的信息并保存到文件中，然后读取第二名学生的信息。实现随机读写的关键是按要求移动位置指针，这称为文件的定位。用于移动文件内部的位置指针的函数主要有两个：rewind 和 fseek。rewind 函数用来将位置指针移到文件的开头，fseek 函数用来将位置指针移到任意位置。值得说明的是，fseek 函数一般用于二进制文件，在文本文件中，由于要进行转换，因此计算出的位置有时会出错。在移动位置指针之后，就可以使用前面介绍的任何一种读写函数进行读写了。由于是二进制文件，因此我们经常使用 fread 和 fwrite 函数进行读写。

2. 程序填空

【10-2-1】

① ＝＝NULL　　　② exit(0)　　　③ !feof(fp)
④ fgetc(fp)　　　⑤ ferror(fp)　　　⑥ fclose(fp)

解析：EOF 意味着读取结束，但是很多函数在读取出错时也会返回 EOF。那么当返回 EOF 时，到底是文件读取完毕还是读取出错？我们可以借助 stdio.h 头文件中的两个函数来进行判断，它们分别是 feof 函数和 ferror 函数。feof 函数用来判断文件内部的位置指针是否指向文件的末尾，当指向文件的末尾时返回非零值，否则返回 0。ferror 函数用来判断文件操作是否出错，出错时返回非零值，否则返回 0。

【10-2-2】

① rb　　② wb+　　③ fread(buf,sizeof(unsigned char), 1024,fpIn)
④ fwrite(buf, sizeof(unsigned char), rc, fpOut)

解析：因为音乐和视频都属于二进制文件，所以在进行读写时，需要为文件的操作模式加上 b。对于音乐文件的复制，其实就是在将原始的音乐文件读取出来之后，再写入指定的文件中即可。首先，可使用 fread 函数从 fpIn 指向的文件中读出一定量的字节数据并放入 buf 数组中。在这里，一定量的意思是，最多读取 buf 数组中最大长度的数据量，最小可以是 0，这表示文件已经读完。然后，使用 fwrite 函数将 buf 数组中的字节数据写入 fpOut 指向的文件中，写入的数据量就是刚才读取时存放到 buf 数组中的数据量 rc。

3. 程序改错

【10-3-1】

解析：feof 函数用来检测当前文件流中的文件结束标识，从而判断是否读到文件的末尾。当文件内部的位置指针指向文件的末尾时，并不会立即设置 FILE 中的文件结束标识。必须再执行一次读文件操作，才会设置文件结束标志，此后调用 feof 函数时才会返回 True。

```
#include <stdio.h>
#include <stdlib.h>
int main( )
{
    FILE *fp;
    int p=0,n=0,z=0,temp;
    if((fp=fopen("d:\\demo.txt","r"))==NULL) // ①根据 fopen 函数的返回值是否为 NULL 来判断文件是否打开失败
    {
        printf("Cannot open this file.\n");
        exit(0);                    // ②exit(0)表示正常终止程序
    }
```

```
    else
    {
        fscanf(fp,"%d",&temp);    // ③fscanf 函数从文件中读取数据并保存到 temp 中
        while(!feof(fp))           // ④ feof 函数用来判断文件是否读取结束,当文件指针指向文件的末尾时返
                                   //回非零值,否则返回 0
        {
            if(temp>0) p+=temp;
            else if (temp<0) n+=temp;
            else z+=1;
            fscanf(fp,"%d",&temp); // ⑤fscanf 函数从文件中读取数据并保存到 temp 中
        }
        fclose(fp);                // ⑥关闭文件
        printf("正整数之和: %d\n 负整数之和: %d\n 零的个数: %d\n",p,n,z);
    }
    return 0;
}
```

【10-3-2】
解析：fread 和 fwrite 函数用于二进制文件的读写操作。数据写入完毕后，位置指针指向文件的末尾，要想读取数据，就必须将文件指针移到文件的开头，语句 rewind(fp);的作用就在于此。打开 demo.dat 文件，其中的内容根本无法阅读。这是因为当使用"wb+"方式打开文件时，数组会原封不动地以二进制形式写入文件。

```
#include <stdio.h>
#include<stdlib.h>
int main( )
{
    FILE *fp;
    int i;
    double a[10],b[10];
    if((fp=fopen("demo.dat","wb+"))==NULL)  // ①以"写入/更新"方式打开二进制文件
    {
        printf("file can not open!\n");
        exit(0);
    }
    for(i=0;i<10;i++)
        scanf("%lf",&a[i]);              // ②将通过键盘输入的数据存入数组 a 中
    for(i=0;i<10;i++)
        fwrite(a+i,sizeof(double),1,fp); //③使用 fwrite 函数向文件中写入数组 a 的一个元素
    printf("\n");
    rewind(fp);                          // ④使用 rewind 函数将文件指针移到文件的开头
    fread(b,sizeof(double),10,fp);       // ⑤使用 fread 函数从文件中读出 10 个数据并存入数组 b 中
    for(i=0;i<10;i++)
        printf("%.1f\n",b[i]);           // ⑥使用索引将数组 b 中的元素逐个输出
    fclose(fp);
```

```
    return 0;
}
```

4. 程序设计

【10-4-1】参考代码如下：

```c
#include<stdio.h>
#include<stdlib.h>
struct student
{
    int no;
    char name[100];
    char sex[3];
    char phone[12];
};
int main(void)
{
    FILE *fp;
    struct student stu[4],t;
    int i;
    if((fp=fopen("d:\\address.txt","a+"))==NULL)
    {
        printf("文件打开失败！\n");
        exit(0);
    }
    puts("请输入学号、姓名、性别和电话，\n 使用空格作为分隔符：\n");
    scanf("%d %s %s %s",&t.no,t.name,t.sex,t.phone);
    fprintf(fp,"%2d\t%s\t%s\t%s\n",t.no,t.name,t.sex,t.phone);
    fseek(fp,0,0);
    rewind(fp);
    for(i=0;i<4;i++)
    {
        fscanf(fp,"%d%s%s%s",&stu[i].no,stu[i].name,stu[i].sex,stu[i].phone);
        printf("%d %s %s %s\n",stu[i].no,stu[i].name,stu[i].sex,stu[i].phone);
    }
    fclose(fp);
    return 0;
}
```

【10-4-2】参考代码如下：

```c
#include<stdio.h>
#include<stdlib.h>
int main()
```

```c
{
    FILE *fp1,*fp2;
    char ch;
    int n1,n2,n3;
    n1=n2=n3=0;

    if((fp1=fopen("d:\\demo01.txt","r"))==NULL)
    {
        printf("Cannot open d:\\demo01.txt\n");
        exit(0);
    }
    if((fp2=fopen("d:\\demo02.txt","w"))==NULL)
    {
        printf("Cannot open d:\\demo02.txt\n");
        exit(0);
    }
    while(!feof(fp1))
    {
        ch=getc(fp1);
        putc(ch,fp2);
        if(ch>='A'&&ch<='Z'||ch>='a'&&ch<='z')
            n1++;
        else if(ch>='0'&&ch<='9')
            n2++;
        else
            n3++;
    }
    rewind(fp1);
    while(!feof(fp1))
        putchar(getc(fp1));
    fclose(fp1);
    fclose(fp2);
    printf("\nletter=%d,digit=%d,others=%d\n",n1,n2,n3);
    fp2=fopen("d:\\demo02.txt","a");
    fprintf(fp2,"\nletter=%d,digit=%d,others=%d\n",n1,n2,n3);
    fclose(fp2);
    return 0;
}
```

【10-4-3】参考代码如下：

```c
#include <stdio.h>
#include<stdlib.h>
#define N 3
```

```c
struct student
{
    char no[20];
    char name[20];
    float mark[3];
    float ave;
};
struct student st[N];
int main( )
{
    FILE *fp;
    int i,j;
    if((fp=fopen("d:\\report.txt","wb"))==NULL)
    {
        printf("Cannot open this file.\n");
        exit(0);
    }
    for(i=0;i<N;i++)
    {
        printf("请输入第%d 名学生的学号和姓名：",i+1);
        scanf("%s%s",st[i].no,st[i].name);
        printf("请输入第%d 名学生的三门课的成绩：",i+1);
        scanf("%f%f%f",&st[i].mark[0],&st[i].mark[1],&st[i].mark[2]);
        st[i].ave=(st[i].mark[0]+st[i].mark[1]+st[i].mark[2])/3;
        fwrite(&st[i],sizeof(struct student),1,fp);
    }
    fclose(fp);
    //读出文件中的内容并显示到屏幕上
    if((fp=fopen("d:\\report.txt","rb"))==NULL)
    {
        printf("Cannot open this file.\n");
        exit(0);
    }
    for(i=0;i<N;i++)
        fread(&st[i],sizeof(struct student),1,fp);
    for(i=0;i<N;i++)
    {
        printf("%s %s",st[i].no,st[i].name);
        for(j=0;j<3;j++)
            printf("%6.1f",st[i].mark[j]);
        printf("%10.1f\n",st[i].ave);
    }
    fclose(fp);
    return 0;
}
```

"算法实践与模拟训练"部分的参考答案及解析

模拟训练 1

一、程序填空

【参考答案】
①a[i]　　②m%10　　③m/10

【解题思路】
将数组 a 中的所有元素初始化为 0，采用将求余和整除相结合的方法得到数字 m 的每一位数字，作为数组 a 的下标，对相应的元素加 1。

- a[i]的作用是将数组 a 的 10 个元素赋值为 0。
- m%10 的作用是得到数字 m 的最后一位数字。
- m/10 的作用是对数字进行截短，也就是去掉最后一位。

二、程序改错

【参考答案】
①b[i] = 0;　　②b[a[i] - 'a']++;　　③if (b[max] < b[i])

【解题思路】
为了统计字符串中的每个字符在这个字符串中出现的次数，可以在数组 b 中存放每个字符出现的次数，比如在 b[0]中存放字符 a 出现的次数，在 b[1]中存放字符 b 出现的次数，等等。在进行统计之前，需要将数组 b 中的所有元素赋值为 0。然后依次取出字符串中的每个字符并进行判断，对数组 b 中对应的元素加 1。max 的初始值为 0，将其与数组 b 中的每个元素进行比较，如果小于后者的话，就对下标进行交换。

- 数组 a 中存放的是字符串。数组 b 为整型数组，其中存放的是每个字符出现的次数，应将数组 b 中的每个元素初始化为 0。
- 将小写字母的 ASCII 码减去'a'的 ASCII 码即可得到相应字母的下标，将使用相应下标的数组元素的值加 1。
- 当 max 的值小于要比较的元素时，把被比较元素的下标赋值给 max，于是 max 中存放的总是当前最大元素。

三、程序设计

【参考答案】
```
double fun(double  a[ ], int  n)
{
    double sum=0,max,min;int i;
    max=min=a[0];
    for(i=0;i<n;i++)
    {
```

```
        sum=sum+a[i];
        if(max<a[i])max=a[i];
        if(min>a[i])min=a[i];
    }
    sum=sum-max-min;
    return(sum/(n-2));
}
```

【解题思路】

定义三个变量：sum存放和值，max存放最大值，min存放最小值。将max和min赋为数组中第一个元素的值。利用循环将数组中的元素累加到sum中，找出最大值和最小值，将sum的值减去最大值和最小值。将sum除以元素个数减2既可得到平均值。

四、算法进阶实践

【参考答案】

C 和 D 参加，A、B、E 不参加。

【解题思路】

列出这 5 名学生是否参加竞赛的全部情况，挑选出满足题目中限定条件的组合。参考代码如下：

```c
#include<stdio.h>
int main(){
    int a,b,c,d,e;      //0 表示不参加，1 表示参加
    for (a=0; a<2; a++)
       for(b=0; b<2; b++)
          for(c=0; c<2; c++)
             for(d=0; d<2; d++)
                for(e=0; e<2; e++)
                {
                    if(a && !b) continue;
                    if((b && c) || (!b && !c)) continue;
                    if(( c && !d) || (!c && d)) continue;
                    if (!d && !e) continue;
                    if (e && (!a || !d)) continue;
                    printf("a=%d b=%d c=%d d=%d e=%d ",a,b,c,d,e);
                    return 0;
                }
    return 0;
}
```

模拟训练 2

一、程序填空

【参考答案】
①double   ②f1   ③f2

【解题思路】
- 根据 return 语句可知,不论返回的是 f1 还是 f2,返回值均为 double 类型。
- 因为 fun 函数的功能是根据形参 i 的值返回某个函数的值,所以当 i 等于 1 时,返回的是 f1。
- 如果不满足 if 条件的话,那么返回的是 f2。

二、程序改错

【参考答案】
①int i, one=0, zero=0;   ②switch(s[i])
③case 0: zero++; break;

【解题思路】
- 变量 zero 用来统计数字 0 的个数,应初始化为 0。
- switch 语句的末尾不应有分号。
- 当数字为 0 时,变量 zero 加 1,此时应使用 break 语句跳出 switch 结构并进行下一次循环,否则系统会继续执行 case 1 分支,使程序得不到正确结果。

三、程序设计

```
void fun( char*s,char*a)
{
    while(*s!='\0')
    {
        *a=*s;
        a++;
        s++;
    }
    *a='\0';
}
```

【解题思路】
为了将 s 所指的字符串存入 a 所指的字符串中(这里要求不使用系统提供的字符串函数),可以使用循环语句,依次取出 s 所指字符串中的字符,然后存入 a 所指的字符串中,最后为 a 所指的字符串添加结束标识'\0'。

四、算法进阶实践

【参考答案】

26 岁。

【解题思路】

从第一次开始举办生日派对算起，这个人每次过生日时所吹的蜡烛数形成的是等差数列，因而可以采用枚举(1~100 比较合理)的方式，判断他是从哪一年开始举办生日派对的。参考代码如下：

```c
int main()
{
    int i,sum,temp;
    for (i=1;i<100; i++)        //年龄从 1 枚举到 100
    {
        temp=i;
        sum=0;
        while (sum < 236)
        {
            sum+=temp;
            temp++;
        }
        if (sum == 236)
        {
            printf("%d\n", i);
        }
    }
    return 0;
}
```

模拟训练 3

一、程序填空

【参考答案】

①*s   ②1   ③k[n]

【解题思路】

创建一个包含 26 个整型变量的数组，用于存储每个字母在字符串中出现的次数。

- isalpha 函数的作用是判断当前字符是否为字母，tolower 函数的作用是将当前字母转换为小写字母，所以应填*s。
- 把字母出现的次数累加到指定的数组中，所以应填 1。
- max 用来记录出现频率最高的字母的出现次数。如果当前字母的出现次数大于最大次数 max，就把当前字母的出现次数赋值给 max，所以应填 k[n]。

二、程序改错

【参考答案】
①int t[N] ,i, num=0;
②t[num++]=b[i];或{t[num]=b[i]; num++;}
③for(i=0; i<num; i++)

【解题思路】
为了删除数组 b 中小于 10 的元素，应依次取出数组 b 中的所有元素并与 10 进行比较。若不小于 10，则将元素存入数组 t 中，遍历完之后，数组 t 中的元素即为所求，将数组 t 中的元素保存到数组 b 中即可。

- 变量 num 用于存放不小于 10 的元素的个数，应初始化为 0。
- 将数组 b 中不小于 10 的元素存入数组 t 中，同时使数组 t 的下标加 1。
- 没有 nun 这个变量，应为 num。

三、程序设计

【参考答案】

```
int fun(char *s)
{
    int n=0;
    char *p;
    for(p=s;*p!='\0';p++)
        if((*p>='0')&&(*p<='9'))
            n++;
    return n;
}
```

【解题思路】
为了统计字符串中数字字符的个数，首先应定义变量 n 并初始化为 0，然后遍历字符串，逐个判断其中的字符是否为数字字符，判断条件为字符的 ASCII 码值是否在数字字符 0 和 9 的 ASCII 码值之间。若判断条件成立，就对 n 的值加 1，否则继续判断下一个字符，直到字符串结束。

四、算法进阶实践

【参考答案】
171700

【解题思路】
根据题意可以看出：
每一层煤球的数量为 1、3、6、10、…
每一层煤球数量的规律为 1、1+2、1+2+3、1+2+3+4、…

#include<stdio.h>

```
#define max 100 //最大层数
int main()
{
    int i,j;
    int n = 1;        //第一层煤球的数量
    int sum = 1;      //煤球总数
    for(i=2; i<=100; i++){
        n = n + i;
        sum = sum + n;
    }
    printf("%d",sum);
    return 0;
}
```

模拟训练 4

一、程序填空

【参考答案】

①48   ②s++   ③sum

【解题思路】

将字符串中的数字字符转换成对应的数值并进行累加。

- 字符'0'对应的 ASCII 码值是 48，因此在将数字字符转换成对应的数值时，只要减去 48，得到的就是数字字符对应的 ASCII 码值，所以应填 48。
- 判断完一个字符之后，将字符串指针移到下一个位置，所以应填 s++。
- 返回累加和 sum，所以应填 sum。

二、程序改错

【参考答案】

①if((k%13==0)||(k%17==0))

②}

【解题思路】

- 在 C 语言中，x 能被 y 整除的表示方法是 x%y==0 而非 x%y=0。
- 缺少使程序完整所需的}，此类情形在做题时一定要注意，可以在做题前运行一下程序，如此明显的错误一般都会有错误提示。

三、程序设计

【参考答案】

```
double fun(double x, int n)
{
    int i;
```

```
    double s=1.0,s1=1.0;
    for(i=1;i<=n;i++)
    {
        s1=s1*i;            /*各项的阶乘*/
        s=s+pow(x,i)/s1;    /*按公式求出*/
    }
    return s;
}
```

【解题思路】

定义变量 s1 和 s，s1 表示每项的分母(也就是各项的阶乘)，s 用于存放累加和。循环语句控制着累加次数，可在循环体中执行阶乘和累加操作，并将累加结果存入 s 中。此处使用了求乘方函数 pow(x,i)，功能是求 x 的 i 次方功能。

四、算法进阶实践

【解题思路】

记录瓶子位置的数组将从下标 1 开始存放数据，如果位置和下标不相等，那就需要进行交换。

【参考答案】

```
#include <stdio.h>
int main()
{
    int n,a[100],i,t;
    scanf("%d",&n);
    for(i=1;i<=n;i++)
        scanf("%d",&a[i]);
    int num = 0;
    for(i=1;i<=n;i++)
    {
        if(a[i]!= i)
        {
            t=a[a[i]],a[a[i]]=a[i],a[i]=t;
            num++;
        }
    }
    printf("%d",num);
    return 0;
}
```

模拟训练 5

一、程序填空

【参考答案】

①n++　　②0　　③s++

【解题思路】

- 使用变量 n 统计单词个数，如果当前字符不是空格且 flag 状态标志为 0，那么可以断定出现了新的单词，将单词个数加 1，同时将状态标志 flag 置 1，所以应填 n++。
- 当前字符是空格，需要将 flag 状态标志置 0，所以应填 0。
- 在判断完一个字符之后，需要继续判断字符串中的下一个字符，所以应填 s++。

二、程序改错

【参考答案】

①t+=s[k];

②*aver=ave;

【解题思路】

根据要求，可利用循环语句累计 n 名学生的总分，求得平均分之后，再利用循环语句和条件选择语句执行后面的操作。若小于平均分，则将分数存放于 aver 存储单元中。语句 t=s[k] 存在循环叠加错误，语句*aver=&ave 存在语法错误。

三、程序设计

【参考答案】

```
int fun(int *s,int t,int *k)
{
    int i;
    *k=0;                    /*k 所指的变量是数组的下标*/
    for(i=0;i<t;i++)
        if(s[*k]<s[i]) *k=i; /*找到数组中的最大元素，把下标赋给 k 所指的变量*/
    return s[*k];            /*返回数组中的最大元素*/
}
```

【解题思路】

直接使用指针变量 k，对 k 执行指针运算。一开始让 k 指向数组中的第一个元素，此时*k=0。

四、算法进阶实践

【参考答案】

C 是小偷。

【解题思路】

定义变量 a、b、c、d，为 0 时表示不是小偷，为 1 时表示是小偷。利用四重循环穷举 a、b、c、d 的所有可能取值的组合，对每一种组合判断是否符合题目要求。

```
#include<stdio.h>
int main()
{
    int a,b,c,d; /*为1时表示是小偷，为0时表示不是小偷 */
    for(a=1;a>=0;a--)
        for(b=1;b>=0;b--)
            for(c=1;c>=0;c--)
                for(d=1;d>=0;d--)
                {
                    if((a==0)+(c==1)+(d==1)+(d==0)==3&&a+b+c+d==1)
                        /*四人中有三人说的是真话，并且只有其中一人是小偷 */
                        printf("%d %d %d %d",a,b,c,d);
                }
    return 0;
}
```

模拟训练 6

一、程序填空

【参考答案】

①STU   ②std[i]. num   ③std[i]

【解题思路】

- 根据 fun 函数的返回值类型可知，fun 函数是结构体类型，所以填入 STU。
- 根据题目中的说明，找出给定编号的人员，将相关数据返回。使用 strcmp 函数比较人员的编号，若相同，则返回值为 0，所以填入 std[i].num。
- 假如编号对应，就返回与编号对应的数据，所以填入 std[i]。

二、程序改错

【参考答案】

①t=1.0;

②return(s*2);

【解题思路】

首先检查变量的数据类型是否前后一致，因为变量 t 被定义为 double 类型，所以赋值时也要赋以实型数据。语句 return(s)存在错误，应改为 return(s*2)。

三、程序设计

【参考答案】

```
fun(STU a[], STU *s)
{
  int i;
  *s=a[0];
  for(i=0;i<N;i++)       /*找出得分最高的学生的记录*/
    if(s->s<a[i].s)
      *s=a[i];
}
```

【解题思路】

先使 s 指向第 1 名学生，再利用循环语句遍历所有学生的成绩，并利用条件语句判断当前学生的得分是否最高，所以 if 语句的条件表达式是 s->s<a[i].s。在做题时，请熟练掌握指向运算符和成员运算符的相关知识，这里的 s->s 等价于(*s).s。

四、算法进阶实践

【参考答案】

swap(a, p, j)

【解题思路】

快速排序算法的基本思路就是进行区间整理，实现策略大同小异。在 partition 函数中，while 循环结构要做的就是将数据分成"左边大，右边小"的两部分。根据快速排序算法，此时需要将"标尺"数据归位至变量 j 指向的位置，所以这里直接调用 swap 函数，对"标尺"数据(数组中的第一个元素)与下标为 j 的元素进行交换。

参考文献

[1] 谭浩强. C 程序设计[M].5 版. 北京：清华大学出版社，2017
[2] 谭浩强. C 程序设计学习辅导[M].5 版. 北京：清华大学出版社，2017
[3] 许大炜，陆丽娜等. C 语言程序设计[M].2 版. 西安：西安交通大学出版社，2015
[4] 毕鹏，陆丽娜等. C 语言程序设计——实验指导·课程设计·习题解答[M].2 版. 西安：西安交通大学出版社，2015
[5] 邓树文. C 语言程序设计实训教程. 北京：电子工业出版社，2016
[6] 刘欣亮. C 语言上机实验指导[M].2 版. 北京：电子工业出版社，2018
[7] Ivor Horton. C 语言入门经典[M].5 版.杨浩，译. 北京：清华大学出版社，2017
[8] 明日科技. C 语言函数参考手册. 北京：清华大学出版社，2012
[9] 教育部考试中心. 全国计算机等级考试二级教程——C 语言程序设计[M]. 北京：高等教育出版社，2020